U0363418

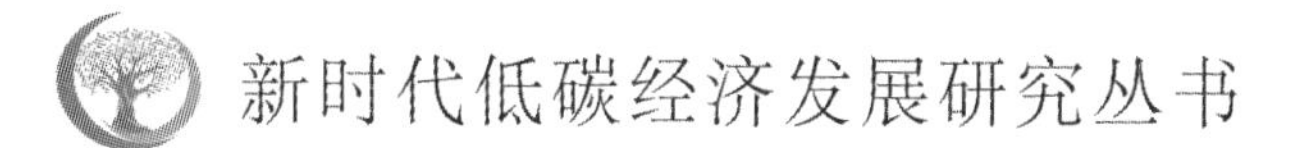

产业集聚视角下碳减排与环境污染及其驱动影响研究

韦振锋
黄群英 著
黄 毅

中国·成都

图书在版编目(CIP)数据

产业集聚视角下碳减排与环境污染及其驱动影响研究/韦振锋,黄群英,
黄毅著.—成都:西南财经大学出版社,2022.11
ISBN 978-7-5504-5519-1

Ⅰ.①产… Ⅱ.①韦…②黄…③黄… Ⅲ.①二氧化碳—排气—研究—中国
②环染防治—研究—中国 Ⅳ.①X511②X5

中国版本图书馆 CIP 数据核字(2022)第 193401 号

产业集聚视角下碳减排与环境污染及其驱动影响研究

CHANYE JIJU SHIJIAO XIA TANJIANPAI YU HUANJING WURAN JI QI QUDONG YINGXIANG YANJIU

韦振锋　黄群英　黄毅　著

责任编辑:王利
责任校对:植苗
封面设计:星柏传媒
责任印制:朱曼丽

出版发行	西南财经大学出版社(四川省成都市光华村街 55 号)
网　　址	http://cbs.swufe.edu.cn
电子邮件	bookcj@swufe.edu.cn
邮政编码	610074
电　　话	028-87353785
照　　排	四川胜翔数码印务设计有限公司
印　　刷	郫县犀浦印刷厂
成品尺寸	170mm×240mm
印　　张	10.25
字　　数	196 千字
版　　次	2022 年 11 月第 1 版
印　　次	2022 年 11 月第 1 次印刷
书　　号	ISBN 978-7-5504-5519-1
定　　价	68.00 元

前 言

大气细颗粒物PM2.5污染已经成为世界各国政府、学者和公众重视并研究的热点问题。进入2000年以来，我国经济快速发展，高强度的人类社会经济活动加剧了环境污染，PM2.5浓度也发生了明显变化。因此，根据经济活动和工业集聚科学识别我国环境PM2.5浓度的时空变化规律和影响机制，对推进区域大气污染联防联治和提高空气质量具有重要意义。

本研究以中国281个地级市为研究对象，基于2003—2016年遥感反演的PM2.5浓度数据和社会经济数据，运用探索性空间分析方法、地理权重加权法、计量分析方法分析了PM2.5浓度时空分布的演变过程，探讨了经济增长水平、环境规制、政府研发投入、第二产业比重、年均气温和降水量等因素对PM2.5浓度时空演变的影响和工业集聚碳排放及其治理途径。

（1）2003—2016年，我国PM2.5浓度空间分布相似，PM2.5集中分布在华北地区，尤其是京津冀地区浓度最高。其中，2003—2008年，PM2.5浓度时空演变呈现高高聚集范围扩大、低低聚集范围缩小的趋势，表明这个时期环境污染有所加剧；2009—2016年，PM2.5浓度时空演变呈现高高聚集范围缩小、低低聚集范围扩大的趋势，表明这个时期环境污染状况有所改善。

（2）我们用地理加权回归法分析各因子对PM2.5浓度影响程度。我们利用LASSO模型对影响变量进行分析后发现，EVI（植被指数）、NPP（植被净初级生产力）、降水、风速、水利环境、能源消耗量和粉尘去除量的影响更明显，且无共线性问题。同时对拟合优度R^2、AICc、残差平方和指标进行对比分析，发现地理加权回归模型（GWR）明显优于传统线性回归（OLS）模型，地理加权回归模型（GWR）使用更少的参数得到了更接近真实值的回归结果。结果表明：EVI、NPP、降水、风速与PM2.5浓度负相关，水利环境、能源消耗量与PM2.5浓度正相关。

（3）我们用地理探测器和地理加权回归模型，探讨雾霾、二氧化碳排放驱动因素特征。结合自然因素（NPP、降水、气温）和人类活动要素（人均

GDP、第二产业比重、真实科研投入、工业专业化集聚、工业多样化集聚)，采用不同的时空尺度分析各因子影响的强度和特征。我们用地理探测器分析因子探测、交互探测、生态探测影响因子特征，同时用地理加权回归模型探究影响因子空间影响特征。

(4) 工业集聚是影响中国环境污染的重要因素，工业专业化集聚显著提高了中国碳排放水平，多样化集聚显著降低了中国碳排放水平。工业集聚在绿色技术进步的推动下对碳排放量、雾霾污染和工业“三废”均产生了显著的影响，绿色技术进步在工业集聚的环境效应中存在显著的中介效应。在工业多样化集聚和专业化集聚不断深化的过程中，绿色技术进步对环境质量的影响均存在显著且单一的门槛效应。

本研究的创新点可以简述为以下两个方面：第一，不同于绝大多数文献考察产业集聚对传统环境污染物的影响，本研究较为系统地探讨了生产性服务业集聚对传统工业“三废”、温室气体、雾霾污染的“罪魁祸首”——CO_2、PM2.5的影响，搜集了2003—2016年中国281个地级及以上城市PM2.5浓度数据以及碳排放数据。根据笔者所掌握的文献，采用如此长时间序列且涵盖中国几乎所有地级及以上城市的PM2.5浓度数据以及二氧化碳排放数据来进行经济学研究，尚属首次。第二，现有研究多侧重于省级层面，在地级市层面考察产业集聚区域内的污染物排放作用机理仍被认为是“黑箱”，需进一步考察和研究。本研究拟从绿色技术生产率的角度揭示产业集聚发展对环境污染物如工业“三废”、雾霾（PM2.5）污染和碳排放的影响，并通过构建理论模型，深入分析产业集聚对工业“三废”、雾霾（PM2.5）污染和碳排放的影响机制，为产业集聚的发展路径选择和政策设计提供科学依据。

根据研究结论，笔者提出相关对策建议：

(1) 政府应对工业集聚进行科学、合理规划，摸清找准集聚外部性发展的最优拐点，指导集聚企业通过多样化外部性的发挥来优化生产、减少污染，最大限度地实现工业集聚和环境保护双赢的目标。

(2) 政府应重点构建科技创新平台，加强联合环保节能行动的实施，探索建立优势互补、利益共享、风险共担的环保创新模式，发挥集聚内环保节能的共性技术创新功能，大力开展节能减排技术支持、环保设备和环保材料推广应用、环保核心技术攻关等工作，使生产性服务业集聚提高绿色技术进步的功能得到最大限度的发挥，形成新的增长动力源泉。

(3) 转变经济发展方式，践行低碳绿色经济发展模式，培育经济增长新动能，以实现经济增长与大气环境治理的良性互动。

(4) 加快产业结构优化升级，合理布局产业多样化和专业化集聚。加快产业结构优化升级是从源头治理PM2.5污染的有效措施和手段。

（5）建立利益协调机制，在明确各地PM2.5污染治理责任和治理任务的前提下，由污染治理受益方向受损方进行利益补偿，尽可能减少PM2.5污染的负外部性影响，实现协同区域大气污染治理利益和经济发展利益的平衡与协调。

最后，感谢“西部地区现代物流业与制造业深度融合的模式与路径研究”（项目批准号：19XGL002）和“国家安全视角下我国中越边境土地利用系统安全预警及优化配置研究”（项目批准号：42161046）项目的资助。

韦振锋

2022年8月

目 录

1　绪论

1.1　研究背景和意义

1.1.1　研究背景

1.1.1.1　治理雾霾已是迫在眉睫、刻不容缓的环境问题

近年来，中国经济迅速发展，大量消耗资源能源，对生态环境的破坏日益增加，导致环境日趋恶化。空气污染雾霾问题尤为突出，空气污染的易感知性受到了社会和政府的高度关注，也成为科学研究的热点。与雾霾相关的报道层出不穷，相关政府报告也多次提到环境污染治理问题，习近平总书记多次提到“两山”论，说明国家和公众越来越意识到环境保护的重要性。治理雾霾已是迫在眉睫、刻不容缓的环境保护任务。

雾霾作为一种空气中主要的污染物，主要由人类活动产生，比如机动车尾气排放、燃煤排放、工业生产排放等。雾霾会影响人们的身心健康，带来致命的疾病，缩短人的寿命，甚至导致死亡。雾霾问题只是我国环境污染现象之一，保护现有环境不被污染和恢复已被破坏的环境需要多代人不懈努力。如果要从根本上解决空气污染问题，我国的经济发展模式必须要加快转型，大力发展绿色经济，经济评价体系中应该增加生态环境指标，逐步向绿色经济方向迈进。因此，本研究从多尺度、多维度、多视角分析我国 PM2.5 浓度时空分布特征及其影响机制，以便为环境污染治理提出有力的科学依据，对我国生态文明建设做出应有的贡献。

1.1.1.2　碳排放研究成为低碳经济与社会发展的空间聚焦点

人们基于全球、国家、地区等不同尺度和视角的认知，不同地区采取了不同的应对方略，以减缓和适应全球气候变化的不确定性。而我国作为能源消耗

大国，于2020年提出“2030年前实现碳达峰、2060年前实现碳中和”的“双碳”目标，这是我国主动承担应对全球气候变化责任的大国担当，也是中华民族永续发展、人类可持续发展的客观需要。但随着我国经济的持续发展，人民生活水平进一步提高，居民生活直接能耗碳排放仍有进一步增加的趋势，因此，碳排放研究成为低碳经济与社会发展的空间聚焦点。

1.1.2 研究意义

1.1.2.1 提出有效的能源规划模型来有效识别碳排放驱动因素

联合国政府间气候变化专门委员会（IPCC）第五次评估报告称：人类活动导致了全球气候系统的变化，而化石能源的利用是这种变化最具影响力的来源。目前，中国作为最大的碳排放国，承诺2030年前达到碳排放峰值。然而，“碳达峰”目标不可避免地会制约经济发展，这导致中国在促进经济发展和遏制环境恶化之间面临两难境地。能源系统作为经济和环境之间的连接中介，对社会经济的可持续发展至关重要，在此背景下，建立一个有针对性和有效的能源规划模型来有效识别碳排放驱动因素显然是十分重要的。

1.1.2.2 为空间污染监测、防控措施和生态环境保护提供科学参考

《中华人民共和国生态与环境部中国环境状况公报（2017年）》指出，2017年以PM2.5为主要污染物的天数中，74.2%为重度及以上污染天数，与2016年比较下降6.1%。2013—2017年，在新空气质量标准监测中，年平均PM2.5浓度达标的城市比例逐年增加，分别为4.1%、12.2%、16.2%、18.9%、25.7%，说明我们的环境污染问题正逐步得到控制，说明政府出台的一系列相关政策实施有效，人们的环境保护意识也逐渐增强。虽然在第一批74个城市空间质量检测中年平均PM2.5浓度达标的城市占比不断增加，但其他城市仍存在PM2.5严重污染情况。根据前人的研究，中国PM2.5污染的主要原因是快速的城市化和工业化，其中能源消耗产生的大气污染物排放成为城市发展过程中主要的污染来源。因此，国家在2017年发布的“十三五”节能减排综合工作计划中，明确指出要实现降低总能源消耗和能源强度的双重目标。同时，该工作计划明确要求全国能源强度（单位GDP能耗）2020年比2015年下降15%，总能源消耗不能超过50亿吨标准煤。基于此，通过时空探索模型分析PM2.5浓度的动态演化特征，了解空气污染驱动机制，对今后实施防控措施提供一定的科学依据，建立产业集聚与PM2.5污染之间的联系具有一定的指导意义。

PM2.5的形成是一个复杂的系统过程，其污染源具有多样性，其中包含

大量已知和未知的物质。PM2.5 浓度变化与驱动因素之间并非简单的线性关系，而是一个复杂的非线性动力系统，在时间域中存在多层次的尺度结构和局部变化的特征（Qia，2007），PM2.5 浓度与驱动因素之间存在时间和空间复杂多变的相互作用与发展变化过程。众多学者分别从气象因素、自然环境、污染物来源和社会经济等方面对 PM2.5 浓度变化与空间分布的影响进行了研究，并取得了一定的研究成果，但多数学者仅考虑了部分指标因素，很少有学者基于多因素进行综合研究。中国经济快速发展，PM2.5 污染日趋严重，其形成的雾霾对经济发展、大气环境及人体健康产生了严重的影响。2013 年以前，我国仅对几个城市的 PM2.5 浓度变化进行了实时监测，对 PM2.5 的研究也局限于观测实验点周边的短期、小范围监测研究，对 PM2.5 污染物时空演化特征及其驱动因素、驱动机制等方面缺少整体综合评价。PM2.5 浓度变化受多因素复杂驱动作用，其演化过程、主要影响因素及其驱动机制有待进一步深入研究。有鉴于此，加强对 PM2.5 浓度时空演化和多驱动因素的多维度分析，探讨不同驱动因素在不同的空间维度上对 PM2.5 浓度变化的影响情况，研究驱动因素交互作用对其产生非线性影响的特征，探索其非线性动力学驱动及其系统演化趋势，有助于深入认识 PM2.5 浓度成因、变化过程、驱动机制及其演化趋势，从而对空间污染监测、防控措施和生态环境保护提供科学参考，同时对降低人类健康风险和减少 PM2.5 暴露强度等方面具有重要的理论与现实意义。

1.1.3. 研究目的

本研究对碳排放量和 PM2.5 的形成、演变与驱动因素间相互影响过程，采用定性与定量相结合、理论解析与数学建模相结合的方法，系统地探讨了其驱动因素对碳排放量和 PM2.5 浓度变化的影响特征、过程与机制。根据多时段碳排放量和 PM2.5 浓度变化对驱动因素的时空响应构建多尺度地理加权回归模型，分析驱动因素交互作用对碳排放量和 PM2.5 浓度变化的影响效应，并分析碳排放量和 PM2.5 浓度变化间驱动因素关联度的时空动态特征，探究其影响机制，以揭示碳排放量和 PM2.5 浓度变化驱动因素的时空动态演化过程及响应机制等，并为地区环境治理和生态文明建设提供理论依据。

1.2 研究内容与方法

1.2.1 研究内容

本研究通过对我国地级市年均碳排放量和 PM2.5 浓度值与生态环境、社会经济发展影响因素进行建模分析，探究了我国碳排放量和 PM2.5 浓度值与生态环境和社会经济之间存在的时空关系。

（1）探讨分析我国 PM2.5 时空演化特征。通过莫兰指数分析不同时期我国 PM2.5 浓度分布特征是否存在空间自相关，同时通过 Arc GIS10.5 软件平台可视化分析不同时段的 PM2.5 浓度热点分布特征以及聚集空间分布特征，以便为区域发展和环境污染治理的协同可持续发展提供参考依据。

（2）对研究区域每个地级市的 PM2.5 浓度值进行时空统计分析，以及生态环境、社会经济发展因子影响机制分析。首先对研究区域的生态环境状况、社会经济发展状况、产业发展状况等已有研究文献进行梳理，结合本研究特征搜集相关的数据，并进行数据预处理，保证数据的时间空间统一性，然后再利用机器学习方法的 LASSO 模型进行变量筛选以及数据验证。在此基础上，借助 R、Matlab2016a 等分析工具，用地理加权回归模型探讨各个因子影响驱动特征，同时在 Arc GIS10.8 软件平台上进行可视化分析。

（3）用地理探测器和地理加权回归模型，探讨雾霾、二氧化碳排放驱动因素特征。结合自然因素（NPP、降水、气温）和人类活动要素（人均地区 GDP、第二产业比重、真实科研投入、工业专业化集聚、工业多样化集聚），从不同的时空尺度分析各因子影响的强度和特征。用地理探测器分析因子探测、交互探测、生态探测影响因子特征，同时用地理加权回归模型探究影响因子的空间影响特征。

（4）根据工业集聚对传统工业“三废”进行考察，还考察了产业集聚对温室气体、雾霾污染的“罪魁祸首”——二氧化碳、PM2.5 形成的影响，构建 2003—2016 年中国 281 个地级及以上城市 PM2.5 浓度数据库以及碳排放数据库，通过构建理论模型，深入分析产业集聚对工业“三废”、雾霾（PM2.5）污染和碳排放的影响机制，以便为产业集聚的发展路径选择和政策设计提供科学依据。

1.2.2 研究方法

本研究使用了多种研究方法。

（1）文献资料法。我们利用学校图书馆数据库和互联网等，广泛查阅相关的文献资料，总结前人研究经验，分析已有研究进展和探讨存在哪些空白领域需要进一步研究。

（2）文本分析法。我们通过分析相关政策文件深刻理解其精神实质，分析其中的条文关于经济发展状况以及工业发展情况的描述，包括环境污染情况以及相关投入治理情况等内容。

（3）实地调查法。为了更好地了解环境污染的真实现状，我们选择几个典型的区域来研究几大要素的影响，进行观察和询问，并做好记录。我们还选择相关领域专家学者或行业相关部门的政府工作人员，分别与其针对研究的相关问题进行深度交流，并做记录和归纳总结。

（4）空间分析模型法。我们统计 2003—2016 年中国 281 个地级市的环境污染现状，利用空间自相关模型、地理加权回归模型等多种空间模型进行时空演化分析。

（5）分析归纳法。我们仔细阅读相关文献资料，并进行合理分类，从中归纳总结出国内外环境保护中好的做法和经验，并力图从中得出启示，以供有关方面借鉴。

1.2.3 技术路线

首先，依据国家战略方针和社会重点关注领域，以及当前的研究热点，结合自身研究优势，确定研究选题。其次，搜集和查阅相关文献资料，了解国内外研究进展，明确已有研究的优点和不足，奠定研究的理论基础。再次，通过查询前人研究，从理念、路径、模式及政策等方面进行总结，以得出一些对我国有益的启示。在此基础上，以多角度、多尺度分析环境污染的影响机理。再其次，运用文献资料法、文本分析法、实地调查法、分析归纳法和空间分析模型等方法研究当前环境污染的现状及存在的问题。最后，根据影响机制研究得出的结论与启示，针对具体问题提出相关政策建议。具体参见图 1.1。

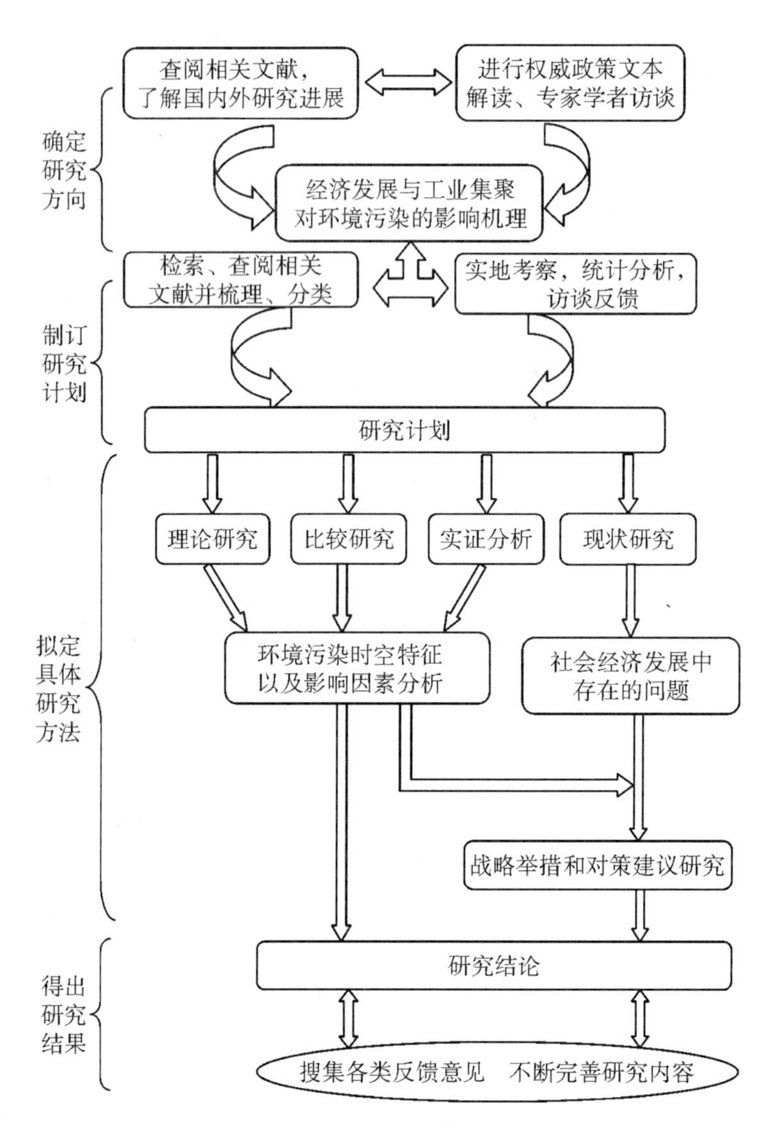
查阅相关文献，
了解国内外研究进展
进行权威政策文本
解读、专家学者访谈
确定
研究
方向
经济发展与工业集聚
对环境污染的影响机理
检索、查阅相关
文献并梳理、分类
实地考察，统计分析，
访谈反馈
制订
研究
计划
研究计划
理论研究
比较研究
实证分析
现状研究
拟定
具体
研究
方法
环境污染时空特征
以及影响因素分析
社会经济发展中
存在的问题
战略举措和对策建议研究
研究结论
得出
研究
结果
搜集各类反馈意见　不断完善研究内容

图 1.1　本书技术路线

2 相关研究进展综述

2.1 环境污染相关研究进展综述

2.1.1 经济与环境污染相互影响研究

在过去的研究中，学者们试图量化环境污染与经济发展之间的关系。例如Selten和Song（1992）还有Holtz-Eakin和Selden（1995）采用二次回归模型评估大气污染物排放与国民收入水平之间的关系。这两个研究都认为环境恶化与收入存在倒U形关系。《世界银行发展报告（1992）》认为环境质量与一个国家的国内生产总值（GDP）之间存在一定的关系，分为两个阶段：第一个阶段为低收入阶段，该阶段收入增长会加剧环境污染；第二个阶段为高收入阶段，收入的提高伴随着环境的改善。同一时期，Grossman和Krueger（1993）在研究墨西哥的贸易自由化对环境的影响时，研究了42个国家的城市空气质量与经济增长的关系，发现在国民收入低水平阶段，人均地区GDP增长伴随着污染物排放的增加，而到了高收入阶段，人均地区GDP增长的同时污染物排放有所下降，呈现倒U形曲线。后来Grossman和Krueger（1995）为了进一步研究发达国家以及发展中国家的城市人均收入与各项环境指标之间的关系，使用了简化回归模型，结果证明在经济增长初期会带来环境恶化，到经济发展后期，随着环境的改善，也呈倒U形关系。Panayoyou和Theodore（1997）在S. Kuznets（1955）提出的库兹涅茨曲线（Kuznets Curve）的基础上提出了环境库兹涅茨曲线（Environmental Kuznets Curve，EKC），同样揭示了人均收入与环境污染之间存在倒U形的曲线关系。其后，List Gallet（1999）使用美国1929—1994年的数据研究美国不同州的环境库兹涅茨曲线，结果发现不同州的转折点并不相同，证明美国每个州的污染路径是不一样的。

也有不少学者研究发现，经济发展与污染情况并不都是EKC的倒U形曲线关系。有些研究的结论是二者曲线关系是N形，即当发展到了收入的更高阶段，会出现环境恶化加剧的现象。也有学者认为经济与污染之间的关系呈现U形关系，即经济的快速增长会导致环境污染日益严重，说明经济的发展会带来环境问题，应该及时采取相应的治理手段（彭水军、包群，2006）。也有些研究结果得出的曲线关系呈倒V形，认为在小于某个阈值时，两者之间呈正相关关系，而大于该阈值时，二者则呈反相关关系。John 和 Pecchenino（1994）研究认为，初期不进行环境投资，当环境问题随着经济增长恶化到一定程度时，经济发展的重点就转移到环境投资上，使得环境问题得到改善，二者之间明显是倒V形关系。Stokey（1998）使用静态优化模型研究也得到倒V形曲线结论，认为在收入达到某个阈值之前，生产技术较落后，属于脏技术，因而经济的增长伴随着环境污染的加重，而当收入达到某个阈值之后，人们就开始使用清洁技术进行生产，从而使得经济发展过程中的环境污染减轻。Jaege（1998）在消费者偏好研究中也得出了倒V形曲线关系的结论，认为在达到消费者偏好的阈值之前，提高环境质量的边际好处非常小，该阶段伴随着环境污染的增加；当超过某个阈值之后，人们开始重视环境问题，使得环境问题得到改善。Aslantdis 和 Xepapadeas（2006）使用面板数据进行静态平滑转换回归，对1929—1994年美国48个州的SO_2和NO污染情况进行研究，发现SO_2污染和收入之间的关系有稳健的倒V形路径，在经济发展的较高和较后面阶段达到最高点；而NO排放在开始阶段随着经济的增长而增长，在经济发展的后面阶段，随着收入的增长，NO排放减缓但是没有下降。

随着我国环境污染问题越来越严重，国内学者也开始研究中国经济与环境污染之间的关系。例如彭立颖等（2008）研究了1981—2005年上海市经济增长与环境污染（工业废水排放量、烟尘排放量和二氧化硫排放量等污染指标）的关系。该研究通过平方、立方回归方程模拟了两者之间的关系，并探讨了上海市环境管理工作对拐点的影响，结论认为人均地区GDP和这四种环境指标呈现典型的EKC倒U形关系，并且估算出烟尘污染和二氧化硫污染的拐点分别出现在人均地区GDP为204美元和3 325美元之处。同样，陈妍、杨天宇（2007）也利用平方、立方回归方程研究了1985—2004年北京市人均地区GDP与二氧化硫排放量的关系，结果证明二者符合倒U形的环境库兹涅茨曲线（EKC）关系。国内还有其他学者使用该方法评估经济发展与环境污染的关系，如张成、朱乾龙、于同申（2011）研究认为全国的SO_2排放与人均地区GDP符合EKC假设，存在倒U形关系，同时估算拐点出现在人均GDP6 639元处。林伯强、蒋竺均（2009）利用1960—2007年人均二氧化碳排放与人均收入数据，采用对数形式的二次多项式模型研究了二氧化碳的环境库兹涅茨模型，证明经济发展与 CO_2 排放之间存在倒 U 形关系，且估算拐点为人均 GDP 37 170 元。姚昕（2008）使用 PSTR 模型，采用面板数据对污染与经济发展之间的关系进行研究，模拟结果证明在不同经济发展阶段，工业化、经济增长与大气环境质量的关系存在机制转移效应，认为在低收入和高收入阶段，经济增长与大气污染都呈线性关系，而在中等收入阶段则表现为非线性关系，而且随着经济的增长，环境质量要经过恶化→改善→再恶化过程，呈 N 形关系。也有部分学者认为经济发展与环境质量不存在 EKC 关系，如马丽梅、张晓（2014）采用我国 31 个省份数据建立环境库兹涅茨曲线回归模型，研究结果表明雾霾污染与环境发展之间不存在倒 U 形关系。马树才、李国柱（2006）研究了中国 1986—2003 年工业废气和人均地区 GDP 的关系，研究结果同样认为两者不存在 EKC 关系。

2.1.2 环境污染影响因素研究

陈翱等（2014）用源解析的方法来确定 PM2.5 的来源及分布，认为不同区域能源结构、产业布局、经济发展和管理水平等的差异，导致 PM2.5 的污染源也会不同。PM2.5 形成的方式主要有两种：直接以固体形式排放的或以气体形式排放后经冷却凝结成固态的一次粒子，以及由气态污染物通过大气化学反应生成的二次粒子（郑玫 等，2014）。其中，一次粒子主要由生物质燃烧、燃料燃烧以及工业粉尘、地面扬尘等产生，二次粒子主要由大气中气体到固体的化学反应形成，如有机气溶胶等（洪纲 等，2015）。多数研究认为 PM2.5 的主要来源是工业排放、农业生产、生物质燃烧、交通排放、地面浮尘等（Gu et al., 2014; Kang et al., 2004; Bell et al., 2007; Liang et al., 2006）。

对 PM2.5 污染形成的影响有自然因素和社会经济因素，因此，学者们都关注自然因素和社会经济因素对 PM2.5 浓度变化的影响。例如考虑自然因素，包括研究区域的降水、风速、温度、湿度等气象条件，以及地形地貌条件和土地利用类型等。比如 PM2.5 的产生和传播会受到气象条件的影响，高浓度的 PM2.5 在连续平稳的天气状况下最容易形成雾霾污染，而大风、降雨等可以起到稀释以及分散的作用。赵晨曦等（2014）利用北京市所有区县内各个气象因素与 PM2.5 浓度数据，采用秩相关分析方法做研究，结果表明相对湿度和风速对 PM2.5 浓度的影响较强。郭春月等（2016）通过逐步回归分析方法研究济宁市能见度、相对湿度、风速等气象因素对 PM2.5 浓度的影响，结果表明 PM2.5 日均浓度对风速、降水量和相对湿度比较敏感。毛婉柳（2017）通过分析长江三角洲地区土地利用变化数据对 PM2.5 浓度的影响，发现人类活动频繁的建设用地扩张能增加 PM2.5 浓度，而人为干扰较少的林地、草地连片化则有利于降低 PM2.5 浓度。卢德彬（2018）实证研究全国尺度土地利用与 PM2.5 浓度的关系，结果表明 PM2.5 浓度升高主要受建设用地扩张影响，而其他地类面积的增加有利于 PM2.5 浓度下降。姬露露等（2014）、周磊等（2016）则通过实证研究表明，地形坡度条件是影响 PM2.5 浓度的重要因素。

社会经济因素主要表现为人类活动，包括经济发展、人口增长、能源消耗、产业结构以及城市化等方面。其中，有研究认为能显著增加 PM2.5 浓度的主要是工业化程度、经济增长和城市化等因素（Li et al., 2016; Han et al., 2014）。Lou et al.（2016）利用地理探测器和线性回归方法分析了 12 个影响因素对 PM2.5 浓度的影响，结论为人口密度、能源消耗、工业生产和机动车排放对 PM2.5 浓度变化都有显著影响，其中人口密度对 PM2.5 浓度变化的影响最大。段杰雄等（2018）以省级行政区为基本单元，利用中国 2015 年监测点的 PM2.5 浓度数据，通过最小二乘法和地理加权回归模型分析了各项经济因子与 PM2.5 浓度的相关性，最后发现对 PM2.5 浓度影响最大是人均私家车保有量。马丽梅（2014）等通过建立空间环境库兹涅茨曲线回归模型，发现 PM2.5 污染水平与能源结构以及产业结构的变动密切相关，但与经济发展的倒 U 形关系并不存在或还未出现，在此基础上她认为改变能源消费结构和优化产业结构是治理雾霾的有效措施。

2.1.3 环境污染相关研究述评

综上所述，我国在 2012 年才将 PM2.5 指标纳入环境空气质量标准，全国性的监测工作从 2013 年开始进行，并且按城市类型分阶段实施，因而缺乏大尺度、长时间序列的 PM2.5 污染数据，导致已有研究大多以某一特定城市、省域或城市群为研究对象，空间尺度较小，且研究地域主要集中在东部地区，特别是京津冀、长三角和珠三角等大气污染重点监测区域，对大区域层面的 PM2.5 时空演化格局关注不足。也有部分成果对全国层面的 PM2.5 污染时空格局进行研究，但多以省域为基本研究对象，空间分析单元偏大，掩盖了区域内部 PM2.5 时空演化的地域性特征，且这类研究多注重对 PM2.5 在季节、月、日等不同时间尺度的变化特征以及循环规律的分析，难以把握较大空间范围、长时间序列 PM2.5 浓度的时空特征以及演化趋势。并且针对产业集聚与 PM2.5 污染之间关系的相关研究较少，尤其是从产业多样化集聚和产业专业化集聚视角进行分析的更少。因此，以较小研究单元揭示大尺度、长时间序列 PM2.5 的时空格局，以及产业集聚对环境污染时空变化特征的影响仍值得进一步探索。

2.2 碳减排相关研究进展综述

2.2.1 碳排放区域空间差异研究

目前，国内外学者在碳排放区域空间差异方面的研究成果主要集中在城市碳排放的空间特征上。Rey 和 Janikas 第一次提出从时空耦合角度探讨碳排放空间特征；Antczak 和 Suchecka 发现欧盟国家二氧化碳排放存在空间自相关性。王晓平等利用成渝城市群 2005—2016 年面板数据，运用二次分配程序法（QAP）和社会网络分析法（SNA），对成渝城市群碳排放的空间相关性及其影响因素进行了研究。分析结果发现，成渝城市群碳排放空间具有显著相关性，且呈现出以重庆、成都、绵阳和南充等城市为网络中心的复杂网络结构形态。王帅等基于河南省 65 个村的调查数据，建立了 super-SBM 模型，研究不同点的农业排放量约束下农业生产效率的差异。王少剑等选用 1992—2013 年中国城市碳排放数据，对中国碳排放的时空动态演化特征进行研究，发现我国城市平均碳排放绩效整体呈现稳定上升趋势，但平均水平仍较低，城市碳排放绩效空间特征表现为“南高北低”，绩效水平差异显著。学者们还试图运用不同的方法对不同的研究对象进行相关研究，比如有学者运用 Kaya 恒等式、ARDL 模型、SBM-DEA 模型和 Malmquist 指数等方法对新疆、吉林、湖南等区域城市碳排放的空间特征及其影响因素进行了研究。

由此可见，国内外学者大多从全国视角和省域视角对碳排放区域空间差异进行研究，而对于全国范围内地级市层面上的相关研究不多，针对工业集聚类型对碳排放的影响的研究也比较少。

2.2.2 低碳发展评价研究

相对于低碳经济和低碳城市方面的研究成果，国内外在工业低碳发展评价方面的探索相对较少，但也有少数学者在低碳发展评价体系的建立和运用中做出了贡献。高新才等（2019）通过双重差分模型对西北地区工业低碳发展水平进行了评价，发现西北地区工业低碳发展水平主要受到能源消耗结构和低碳技术发展水平的影响。陈柔珊等（2021）通过构建基于低碳生态城市视角的土地利用效率评价指标体系，采用相对熵组合赋权法、综合评价法和障碍度模型，探究发现珠江三角洲 9 个城市 2010 年和 2017 年土地利用效益水平呈现“核心—边缘”结构。董梅等（2020）采用合成控制法，从人均碳强度和碳排放两个方面对六个低碳省份的节能减排成效进行了研究和评价，分析认为，2000— 2017 年，中国省级经济水平越高的地区，人均地区 GDP 越高，越有利于碳排放强度减弱；工业产值占地区 GDP 的比重越低的地区，越有利于人均碳排放的减少。刘天森等（2020）则为促进我国经济发展由高耗能向低碳转变方面提供了理论参考。

目前，从研究方法上来看，国内学者主要采用因子分析法、变异系数法、熵值法等较为单一的评价方法，每种评价方法都需要满足其适用条件，这就容易影响到研究结果的客观性，存在研究方法的局限性问题；从区域分析角度来看，对于低碳发展的评价研究范围大多为单一省市，而对城市群及各地市的工业低碳发展评价及其空间分析的研究较少。

2.2.3 区域 CO_2 排放驱动因素研究

目前，区域发展中对 CO_2 排放效应产生影响的驱动因素成为众多低碳研究者所热衷的研究课题。有研究表明，不同区域驱动因素及其外溢效应在不同区域存在较强的空间异质性，整体表现出空间梯度变化分布状态，因此，充分考虑空间异质性和外溢效应有助于实现碳减排区域差异化。从现有的文献来看，影响碳排放的因素主要是社会经济因素，包括国民生产总值增长、人口总量增加、产业结构和能源结构以及能源强度等。经济增长和人口总量增加都意味着产出规模的提升，导致单位空间内碳排放量增加，同属于区域 CO_2 排放的积极驱动因素。关于产业结构因素，欧洲、亚洲、北美洲、南美洲和非洲等区域有关产业结构对碳排放的影响研究已非常成熟，都已证明二者关系紧密；中国多数学者研究肯定了产业结构的调整在碳减排过程中起到的重要作用，Zhu 和 Shan（2020）以北京市为研究案例，认为产业结构调整对碳减排有积极作用。Zhu 和 Zhang（2021）以长三角区域为研究对象，证明了跨区域产业结构调整在缩小区域间的经济差异的同时，可通过区域间的产业合作模式促进碳减排。但是，产业结构调整对碳排放的作用是促进还是抑制依然未达成共识，可认为是中国区域异质性和产业结构异质性起着关键性作用。因此，产业结构调整方向要结合区域特征充分考虑对碳排放的影响。Zheng 等（2020）通过对中国 15 个典型工业城市内产业结构调整与碳排放关系的研究，认为国家或省级层面在对产业结构进行调整时，先要确定区域内碳排放的重要产业类型；增加服务产业比重有利于减少碳排放。关于能源结构方面，目前我国的能源资源储存和消费现状仍然是以煤炭为主，以水电和其他可再生能源为辅，主要原因是中国经济快速发展对廉价能源具有较强依赖性。因此，我国能源消耗

产生的 CO_2 排放量最多的是来自煤炭。禹湘等（2020）对中国 63 个低碳试点城市 CO_2 排放特征进行研究发现，能源结构与 CO_2 排放总量呈现正相关关系，主要存在于低碳成熟型和成长型城市中。Wu 等（2017）基于假定的不同碳排放情景，针对青岛市提出最优化的能源资源分屏模式，并发现碳排放对于能源结构调整具有反驱动效应。另外，能源强度对 CO_2 的影响也在诸多学者的实证研究中得到了证实。能源强度是能源综合利用效率最常用的指标之一，反映了区域通过提升并广泛应用绿色技术，促使能源利用率提高，能源强度降低，达到控制 CO_2 排放的目的。王向前和夏丹（2020）以安徽和河南两省 1999—2018 年的工业碳排放为研究对象进行研究，结果表明，由于煤炭采选业生产活动对能源的依赖程度高于工业平均水平，而其能源利用率可能低于工业平均水平，因此煤炭生产对能源强度的抑制对于减少碳排放的促进作用是最为显著的。有研究表明，能源效率主要取决于技术进步水平，因此，要降低能源强度，提升能源效率。即在同等能源消耗前提下，要想增加经济或物质的产出，必须通过促进技术进步来实现。

目前，在中国经济转型的大背景下，有关区域经济集聚对碳排放的影响也受到众多学者关注。在区域经济集聚过程中，可以通过规模效应、缩短运输距离和共用基础设施等途径提高资源利用率，进而对减排表现出积极作用，但经济集聚通常又通过扩大生产规模和投入生产要素导致碳排放量增加。现有的文献结论中，对区域经济集聚对碳排放的影响的研究还比较少。有学者研究发现，提高省域内部经济活动空间集聚程度，对降低单位经济产值的污染排放有积极作用。邵帅等（2019）利用 1995—2016 年中国 30 个省份（西藏除外）数据，对经济集聚与人均碳排放的关系进行研究，发现它们之间均存在典型的倒 N 形曲线关系，当经济集聚水平达到一定阈值后，节能减排的“双重”效应可能会同时显现出来；经济集聚会通过其各种正外部性对碳排放产生直接影响，还会通过能源强度对碳排放产生间接影响。Zheng 等（2019）将中国 30 个省份（西藏除外）划分为八个区域，分别是西南部、西北部、北方、中部、京津冀、南方沿海、中部沿海和东南地区，通过研究区域经济发展对碳排放的影响，发现区域经济结构优化有利于减排。

当然，除了上述区域的社会经济因素会对 CO_2 产生影响，区域发展过程中的许多其他因素也同时对碳排放产生影响，例如区域土地利用、碳捕获技术、区域间贸易和外商直接投资等，而且其对碳排放的影响程度和持续性还具有区域发展的阶段性特征。

2.2.4 多区域多行业碳排放时空演化研究

通过对当前学术界相关文献进行梳理，我们发现，中国学者不仅在省市级城市尺度碳排放的研究方面获得了诸多成果，还致力于探究不同行业的碳排放时空特征，主要研究范围包括工业、交通业、建筑业和家庭生活消费等主要碳排放领域。Bai 等（2020）基于省级层面，对交通行业碳排放的空间关联网络结构及其驱动因素进行了研究；He 等（2020）对中国电力行业碳排放空间关联进行了分析；Li 等（2020）对中国东北、华北、华东、西北、西南、华南、中南部区域工业碳排放的区域差异进行了分析；Wang 等（2017）对山东省电力行业碳排放进行了比较脱钩分析。Lin 和 Xu 等（2020）通过实证研究考察中国区域差异环境下重工业 CO_2 排放模式，发现区域差异下不同的碳排放驱动因素对排放的影响效果有所区别，其中能源效率因素对于中国中部区域的碳减排效果明显，城市化对于中国中部和东部地区重工业碳排放产生明显影响。Yang 等（2021）以 2000—2015 年中国 30 个省份（西藏除外）的面板数据为基础，研究交通对于 CO_2 排放的影响，发现中国交通行业的碳排放呈现增长态势，人均国内生产总值、城市道路密集程度和人均交通里程三个因素都促进了交通行业的碳排放，特别是城市人口密度，不但对碳排放有负向影响，且具有较大的整体空间溢出效应。近年来，中国建筑业发展迅速，不仅是国民经济的重要支柱，也是主要的碳排放产业之一。建筑业碳排放的产生主要是在建筑业执行和运营过程中产生的。作为碳密集型产业，它通过运输、制造等其他与其相配合的行业，例如建材生产行业和运输行业等，这就产生了大量的间接的碳排放。Li 等（2020）对 2005—2016 年江苏省的建筑业进行了实证研究。结果表明，江苏省建筑业的碳排放主要是在运行过程中产生的，区域因素是其主要驱动因素。另有学者对居民消费产生的碳排放产生了较为浓厚的研究兴趣。姚亮等（2011）对中国城乡居民消费的隐含碳排放进行对比分析，发现 2007 年城镇居民消费碳排放量达到了总量的 76.44%，并发现居民人均消费以及消费结构的变化对碳排放增加有积极作用。

目前关于同一种行业部门在不同区域的碳排放的研究成果较为丰富。例如 Chen 等（2019）通过对中国珠江三角洲城市层面工业碳排放空间格局的研究，发现工业碳排放量具有明显的空间不平衡特征，珠江三角洲的碳强度低于周边城市；Chen 和 Chen（2019）以湖北省 17 个城市基于既定情景下的状况为研究对象，对城市层面建筑业的碳减排路径进行预测，并建议建筑业的减排策略要基于城市的经济发展水平来制定，特别是能源结构和能源强度这两方面的改善尤其要引起重视；Li 等（2019）以中国 341 个城市 2005—2015 年数据为研究对象，对中国交通运输行业 CO_2 排放模式及驱动因素进行了探讨。另外，有学者在城市尺度方面对多区域多行业部门的碳排放进行了重点研究。例如 Wang 等（2019）对 2000—2015 年北京和上海行业层面经济产出与碳排放脱钩进行了比较分析；Cheng 等（2021）以中国城市群 2005 年和 2015 年的数据为研究对象，探究了 285 个地级市多行业部门碳排放不均衡的决定因素。

综上所述，当前学者对于 CO_2 排放时空特征和碳减排路径研究的趋势在于中国区域尺度和行业层面碳排放研究的逐渐细化分析，结合跨区域、跨行业、跨时长等多维度视角探究 CO_2 排放，将为中国的区域差别减排提供更科学的政策依据。

本研究对已有研究进行梳理，从地级市层面，结合地理学与经济学，从时间尺度、空间尺度，利用空间自相关模型、地理加权回归模型、门槛效应等分析方法，探讨环境污染的空间演变特征、工业集聚对环境污染的影响特征、生产性服务业集聚对环境污染的影响特征，以便为我国生态文明建设以及经济高质量发展提供理论依据，具有重要的科学价值。

3 时空演化特征

空间自相关统计量是被用于度量地理数据（geographic data）的一个基本变量，即数据间在空间上相互依赖，通常把这种依赖叫作空间依赖（spatial dependence）。地理空间数据受空间相互作用和空间扩散的影响，彼此之间相互不独立。通常通过 Moran's I、General G、LISA 指数分析空间特征，以检验全局和局部是否存在相似或相异聚集的现象。

3.1 空间自相关模型

地球表面的事物都是与其他事物相关的，空间距离越近的事物之间的关联越紧密，反之则越弱。如城市群空气污染在空间尺度上相互关联，呈现为集聚、随机或规则分布，且相关性随着距离的增大而衰减。大气活动存在一定的空间关联属性，一般都是用空间自相关来作为统计描述变量的空间变化特征。

空间自相关是指一些变量在同一个分布区内的观测数据之间潜在的相互依赖性。其中，自相关中的“自”表示研究者进行的相关性观察的统计数据来源于不同对象的同一属性。Tobler（1970）曾指出：“地理学第一定律：任何东西与别的东西之间都是相关的，但近处的东西比远处的东西相关性更强。”空间自相关统计量被用于度量地理数据（geographic data）的一个基本性质：某位置上的数据与其他位置上的数据间的相互依赖程度。此变量在地理统计学科中应用较多，现已有多种指数可以使用，但最主要的有两种指数，即 Moran 的 I 指数和 Geary 的 G 指数，也就是常说的莫兰指数和 G 统计量。空间自相关通常被用来测度和判断具有某种经济属性的空间分布与其邻近区域是否存在相关性以及相关程度如何，它能形象直观地表达某种经济现象的空间关联性与差异性，从地理空间上找出区域经济属性的分布特征和规律，如是否有聚集特征或相互依赖性存在。

3.1.1 全局空间自相关

全局莫兰指数主要被用来描述所有空间单元在整个区域上与周边（相邻）地区的平均关联程度。其基本思想是通过构建空间单元的邻接权重指数（反映各单元在空间上的位置关系）和空间单元间属性值的偏差（各单元属性值之间的差异），两者作乘再求和，得到所有空间单元在整个空间上的相关性程度。只有当 yi 和 yj 同时大于或小于均值时，全局莫兰指数才会为正，且 yi 和 yj 偏离均值的程度越大，指数值就越大。

全局空间自相关概括了在一个总的空间范围内空间依赖的程度，其最常用的关联指标是 Moran's I，在其构成的 Moran 散点图中，可以划分为四个象限，对应四种不同的区域空间差异类型：高高（区域自身和周边地区的属性水平均较高，二者空间差异程度较小）、高低（区域自身属性水平高，周边地区属性水平低，二者空间差异程度较大）、低低、低高；能够根据高高、低低类型是否占最多，判断某一地区是否存在显著的空间自相关性，即是否具有明显的空间集聚特征。

Moran's I 指数是最早被用于全局聚类检验的方法，以定量检验研究区域中邻近地区间是相似、相异（包括空间正相关、负相关）还是相互独立的。Moran's I 的计算公式：

$$I = \frac{N \sum i \sum jwij(xi - \bar{x})\ (xj - \bar{x})}{\left(\sum i \sum jwij\right) \sum i\ (xi - \bar{x})^{\ 2}} \tag{3.1}$$

General G 则被用于检验高高聚集或者低低聚集的程度，其计算公式：

$$GeneralG = \frac{\sum i \sum jwijxixj}{\sum i \sum jxixj} \tag{3.2}$$

统计值 Z 的计算公式：

$$Z(I) = \frac{I - E[I]}{\sqrt{E[I^2]} - E\ [I]^{\ 2}} \tag{3.3}$$

式中，N 是城市群内地区总数，xi 和 xj 为不同属性值，$\bar{x}$ 为属性值的均值。wij 是空间权重，表示空间单元之间的一阶面邻接关系（queen contiguity）。Moran's I 指数处于［-1，1］范围，若数值趋向于 1，表示相似的属性值聚集在一起（即高高聚集或低低聚集）；若数值趋向于-1，表示相异的属性值集聚（即高低聚集或低高聚集）。若 $Z(I)$ >1.96，表示相似的属性值存在空间集聚；若 $Z(I)$ 位于［-1.96，1.96］，表示不同空间单元之间的相关性不显著；若 $Z(I)$ <-1.96，表示空间单元分布存在相异属性值的聚集。若 $Z(G)$ >1.96，表示高属性值的空间集聚；若 $Z(G) <-1.96$，表示低属性值的空间集聚；若 $Z(G)$ 位于 $[-1.96, 1.96]$，表示空间单元的属性值呈现为随机分布。

3.1.2 局部空间自相关

局部空间自相关描述一个空间单元与其邻近区域的相似程度，表示每个局部单元服从全局总趋势的程度（包括方向和量级），并提示空间异质，说明空间依赖是如何随位置变化的。其常用反映指标是 Local Moran's I。其空间关联模式可细分为四种类型：高高关联（即属性值高于均值的空间单元被属性值高于均值的区域所包围）、低低关联，属于正的空间关联；高低关联、低高关联，属于负的空间关联。

Anselin 于 1995 年提出了局部 Moran's I，也称 LISA（Local Indicator of Spatial Association），以定量检验局部区域的相邻地区是否存在相异或相似属性值聚集的现象。具体而言，地区 i 的 LISA 指数被用于衡量地区 i 与其周边地区之间属性值的关联程度，公式为：

$$Ii = \frac{(xi - \bar{x})}{s_x^2} \sum j[wij(xi - \bar{x})] \tag{3.4}$$

式中，s_x^2 为属性 x 的方差，其他变量的意义同上。若 $Ii >0$，表示地区 i 具有高属性值且被相邻地区的高属性值包围（高高聚集），或地区 i 具有低属性值且被相邻地区的低属性值包围（低低聚集）；若 $Ii <0$，表示地区 i 具有低属性值且被周边高属性值包围（低高聚集），或者是地区 i 具有高属性值且被周边低属性值包围（高低聚集）。

3.2 PM2.5 时空动态演变特征

3.2.1 雾霾污染时间变化特征分析

我们通过计算 2003—2016 年研究区域 PM2.5 莫兰指数（见图 3.1），发现莫兰指数值都为正值，且全部都通过显著水平检验，最高值是在 2012 年，为 0.892，最低值在 2014 年，为 0.859，均值为 0.875。整个时间段内莫兰指数变化呈增加趋势，变化幅度较小。2003—2007 年呈明显增加趋势，从 0.873 增加到 0.889；2008—2009 年出现明显的下降趋势，从 0.889 降至 0.860；2010—2011 年又出现一个上升期，从 0.860 升至 0.892；之后又开始回落。整体而言，研究区域 PM2.5 莫兰指数变化幅度较小，并且都是正值，表明研究区域 PM2.5 存在明显的空间聚集效应。

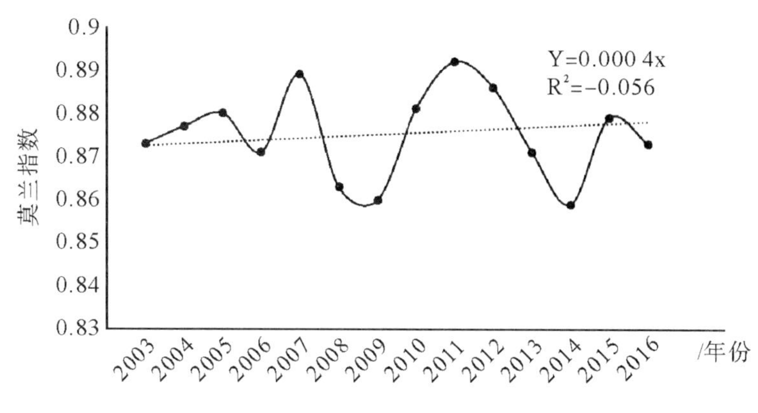

图 3.1　2003—2016 年研究区域 PM2.5 莫兰指数变化

我们对 2003 年、2008 年、2013 年、2016 年的 PM2.5 分别作莫兰指数散点图如图 3.2 所示，数据分布明显集中落在第二象限和第四象限，分布在其他象限的非常少，并且不集中，整体呈明显的线性相关。这说明研究区域 PM2.5 存在明显的空间自相关。

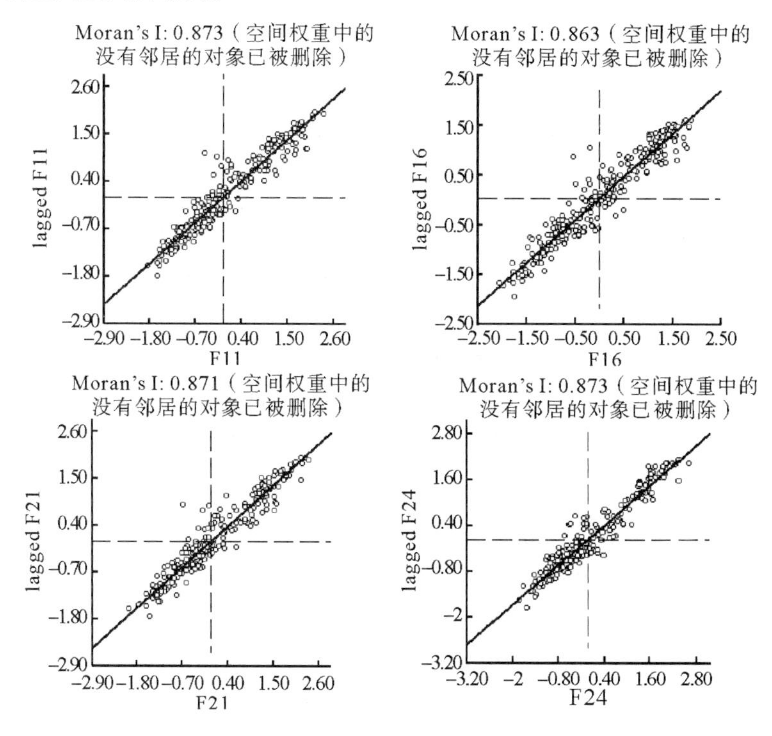

图 3.2　2003 年、2008 年、2013 年、2016 年 PM2.5 莫兰指数散点图

3.2.2 雾霾空间分布演化特征分析

我们统计了研究区域的各地级市的PM2.5均值，见附表1。2003年，PM2.5低值主要分布在东北地区的吉林和黑龙江等地的部分地区，以及西南地区的云南的部分地区，分布值主要在20 ug/m^3左右；PM2.5高值主要分布在京津冀等地，以及四川盆地的部分地区，分布值在90 ug/m^3左右。其他地区分布值在40 ug/m^3左右，主要分布在南方地区以及西北地区。2008年PM2.5空间分布与2003年相似，低值主要分布在东北地区以及西南地区，高值仍主要分布在华北地区。2008年与2003年比较，高值分布区域范围扩大，由华北地区向中部扩散，华南以及西北地区比2003年的值相对升高。到2013年，PM2.5空间分布与2003年和2008年相似，高值区域主要分布在华北地区，少数在四川盆地，低值区域主要分布在东北地区和西南等地。与2008年比较，高值分布区域范围缩小，值域范围相对值降低。2016年PM2.5空间分布与其他年份相似，高值还是主要分布在华北地区尤其是京津冀地区，低值主要分布在东北地区与西南等地。与2013年的空间分布相比较，高值区域明显缩小，低值范围有所扩大。

我们同时对研究区域的PM2.5的时空变化进行了分析。对2003—2008年、2009—2013年、2014—2016年的PM2.5变化进行计算，还计算了2003—2016年的均值，并进行空间可视化分析。将2008年与2003年各地级市的PM2.5均值相减，可以得出变化值域。大部分地区值域大于0，高值主要分布在中部和华南等地，值域小于0的较少，主要分布在东北地区以及西部少数地区，说明这个时期的环境污染有增无减。2009—2013年的数据变化，主要利用2013年各地PM2.5均值与2009年相减，大部分地区值域小于0，并主要分布在中部和华南等地，高值大于0的分布较少，并主要集中分布在华北等地，说明这个时期环境污染有所减缓。2014—2016年的时空变化特征，值域变化分布大部分小于0，大于0的值域分布非常少，说明我们国家的环境污染明显改善，治理范围扩大。从多年均值的空间分布来看，高值主要集中分布在华北地区，尤其集中在京津冀地区，其他地区值相对较低。

综合分析中国环境污染时空变化特征可以发现，2003—2008年环境污染加剧，这与我国的经济快速发展相关，主要因素是我国经济发展模式以粗放型为主，追求经济发展而忽视生态环境保护，导致这个时期环境污染加剧。2009—2013年环境污染有所减缓，与2003—2008年的变化特征比较，数值小于0的范围较大，说明这个时期我国在加快经济发展的同时，也意识到环境污染的严重性，开始注重生态环境保护，使得环境污染有所减缓。2014—2016年我国环境污染已经得到有效管控，大部分地区的值域范围小于0。总体而言，前期我国经济快速发展，忽视了生态环境保护，导致污染加剧；中期，我国意识到环境污染的严重性，在发展经济的同时逐渐展开环境治理；后期，我国加大环境污染治理力度，污染得到有效管控。

3.2.3 雾霾污染热点与聚集分析

2003年PM2.5浓度冷热点和聚类分布特征如表3.1和表3.2所示。热点主要集中在华北地区，其中Hot Spot-99%有82个地级市，约占29.89%；Hot Spot-95%有9个地级市，约占3.20%；Hot Spot-90%有1个地级市，约占0.36%。冷点主要分布在华南如广西、广东和福建等地，以及西部的陕西、甘肃和内蒙古部分地市，其中Cold Spot-99%有49个地级市，约占17.44%；Cold Spot-95%有35个地级市，约占12.46%；Cold Spot-90%有9个地级市，约占3.20%。高高聚集类有84个地级市，占比约为29.89%；高低聚集类只有1个地级市，占比约为0.36%；低高聚集类有5个地级市，占比约为1.78%；低低聚集类有84个地级市，占比约为29.89%。从2003年PM2.5浓度空间冷热点和聚类分布特征可以看出，PM2.5浓度高的地区比较集中，浓度低的地区也比较集中，说明污染较严重地区也会影响周边的环境，环境质量较好的地区，其周边的环境也相对较好。

表3.1 2003年PM2.5浓度冷热点统计描述

冷热点	地级市/个	百分比/%
Cold Spot-99%	49	17.44
Cold Spot-95%	35	12.46
Cold Spot-90%	9	3.20
Hot Spot-90%	1	0.36
Hot Spot-95%	9	3.20
Hot Spot-99%	82	29.89

表 3.2　2003 年 PM2.5 浓度聚类统计描述[①]

聚集类型	地级市/个	百分比/%
高高	84	29.89
高低	1	0.36
低高	5	1.78
低低	84	29.89

2008 年 PM2.5 浓度冷热点和聚类空间分布特征如表 3.3 和表 3.4 所示。冷热点和聚类空间分布与 2003 年相似，华北地区的 PM2.5 浓度较高，聚集较明显，华南和西部等地的 PM2.5 浓度较低，不同的地方就是华南地区的冷点聚集范围缩小，东北的冷点聚集范围扩大，而高值区域范围也相对扩大。从统计数值来看，Cold Spot-99%有 52 个地级市，占比约为 18.51%，比 2003 年增加了 3 个地级市，占比也增加了 1 个百分点左右；Cold Spot-95%有 20 个地级市，占比约为 7.12%，比 2003 年减少了 15 个地级市，占比减少了约 5 个百分点；Cold Spot-90%有 7 个地级市，占比约为 2.49%，与 2003 年相比，减少了 2 个地级市，占比也有所减少；Hot Spot-99%有 92 个地级市，占比约为 32.74%，比 2003 年增加了 10 个地级市，占比增加了约 3 个百分点；Hot Spot-95%有 9 个地级市，占比约为 3.20%，与 2003 年的比例一样；Hot Spot-90%有 6 个地级市，占比约为 2.14%，与 2003 年相比，增加了 5 个地级市，占比增加了约 2 个百分点。从 2008 年 PM2.5 浓度聚类统计来看，高高聚集类有 76 个地级市，占比约为 27.05%；高低聚集类只有 1 个地级市，占比约为 0.36%；低高聚集类有 7 个地级市，占比约为 2.49%；低低聚集类有 83 个地级市，占比约为 29.54%。这说明 2003—2008 年，PM2.5 浓度高值主要分布在华北而且污染分布范围在扩大，主要往中部扩散，华南的广东、广西、福建等地原来是冷点聚集区，到 2008 年，冷点聚集范围明显缩小，说明污染源在扩大，环境污染加剧。这与地区经济发展模式相关，只追求经济快速发展而忽视了生态环境保护，导致这些地区环境污染加剧。

表 3.3　2008 年 PM2.5 浓度冷热点统计描述

冷热点	地级市/个	百分比/%
Cold Spot-99%	52	18.51

① 只列举有关系的，没有关系的就没有计数，所以百分比不是 100%。后同。

表3.3(续)

冷热点	地级市/个	百分比/%
Cold Spot-95%	20	7.12
Cold Spot-90%	7	2.49
Hot Spot-90%	6	2.14
Hot Spot-95%	9	3.20
Hot Spot-99%	92	32.74

表 3.4　2008 年 PM2.5 浓度聚类统计描述

聚集类型	地级市/个	百分比/%
高高	76	27.05
高低	1	0.36
低高	7	2.49
低低	83	29.54

2013 年的 PM2.5 浓度冷热点和聚集空间特征与 2008 年相似，分别见表 3.5 和表 3.6。高值（热点）聚集在华北地区，低值（冷点）主要分布在华南的福建和江西等地，以及西部的甘肃、陕西和内蒙古等地。从统计数值来看，Cold Spot-99%有 43 个地级市，占比约为 15.30%，与 2008 年相比，减少 9 个地级市，占比减少了约 3 个百分点；Cold Spot-95%有 28 个地级市，占比约为 9.96%，比 2008 年增加了 8 个地级市，占比约增加 3 个百分点；Cold Spot-90%有 14 个地级市，占比约为 4.98%，与 2008 年比较，增加了 7 个地级市，占比增加了 2 个百分点；Hot Spot-99%有 81 个地级市，占比约为 28.83%，与 2008 年比较，减少了 11 个地级市，占比减少约 4 个百分点；Hot Spot-95%有 5 个地级市，占比约为 1.78%，与 2008 年比较，减少了 4 个地级市，占比减少约 2 个百分点；Hot Spot-90%有 6 个地级市，占比约为 2.14%，与 2008 年比较，没有变化。从 2013 年 PM2.5 浓度聚类统计来看，高高聚集类有 83 个地级市，占比约为 29.54%；高低聚集类没有；低高聚集类有 5 个地级市，占比约为 1.78%；低低聚集类有 75 个地级市，占比约为 26.69%。

将 2013 年与 2008 年的 PM2.5 浓度冷热点与聚类进行比较分析，可以看出高值地区范围有所缩小，低值地区范围有所扩大，表明环境污染排放有所减缓，与这个时期社会发展相适应，该时段经济快速发展，同时国家开始重视生态环境保护，出台了一系列相关环境污染排放治理政策，积极治理环境污染。

表 3.5　2013 年 PM2.5 浓度冷热点统计描述

冷热点	地级市/个	百分比/%
Cold Spot-99%	43	15.30
Cold Spot-95%	28	9.96
Cold Spot-90%	14	4.98
Hot Spot-90%	6	2.14
Hot Spot-95%	5	1.78
Hot Spot-99%	81	28.83

表 3.6　2013 年 PM2.5 浓度聚类统计描述

聚集类型	地级市/个	百分比/%
高高	83	29.54
高低	0	0.00
低高	5	1.78
低低	75	26.69

2016 年 PM2.5 浓度冷热点和聚类空间分布特征与其他年份相似，见表 3.7 和表 3.8 所示。PM2.5 浓度高值聚集区，集中分布在华北地区，比其他年份范围明显缩小，低值区分布在华南的广东、福建等地以及西部，低值区域范围有所扩大。根据统计数值对比分析，2016 年 Cold Spot-99%有 50 个地级市，占比约 17.79%，与 2013 年相比，增加了 7 个地级市，占比增加约 2 个百分比；Cold Spot-95%有 33 个地级市，占比约 11.74%，与 2013 年比较，增加了 5 个地级市，占比增加了 2 个百分点；Cold Spot-90%有 15 个地级市，占比约为 5.34%，与 2013 年相比，增加了 1 个地级市，占比增加约 1 个百分点；Hot Spot-99%有 78 个地级市，占比约为 27.76%，与 2013 年相比，减少了 3 个地级市，占比减少约 1 个百分点；Hot Spot-95%有 6 个地级市，占比约 2.14%，与 2013 年相比，增加了 1 个地级市，占比增加了约 0.5 个百分点；Hot Spot-90%有 4 个地级市，占比约为 1.42%，与 2013 年相比，减少了 2 个地级市，占比减少了约 1 个百分点。从 2016 年 PM2.5 浓度聚类统计来看，高高聚集类有 76 个地级市，占比约为 27.05%；高低聚集类有 1 个地级市，占比约为 0.36%；低高聚集类有 7 个地级市，占比约为 2.49%；低低聚集类有 83 个地

级市，占比约为 29.54%。

从 2016 年与 2013 年 PM2.5 浓度分布对比来看，浓度高值范围缩小，低值范围扩大，说明我们国家经济发展模式逐步向好，相关部门越来越重视环境污染治理，PM2.5 污染范围有所缩小。

表 3.7 2016 年 PM2.5 浓度冷热点统计描述

冷热点	地级市/个	百分比/%
Cold Spot-99%	50	17.79
Cold Spot-95%	33	11.74
Cold Spot-90%	15	5.34
Hot Spot-90%	4	1.42
Hot Spot-95%	6	2.14
Hot Spot-99%	78	27.76

表 3.8 2016 年 PM2.5 浓度聚类统计描述

聚集类型	地级市/个	百分比/%
高高	76	27.05
高低	1	0.36
低高	7	2.49
低低	83	29.54

综合以上分析，2003—2016 年，中国的 PM2.5 污染存在明显的空间集聚分布特征，冷热点分布和聚类分布基本相似，污染较严重的聚集地主要分布在华北地区，其他地区 PM2.5 聚集分布相对较少，热点主要聚集在华北地区，冷点主要聚集在华南以及西北地区，与目前实时监测分布结果一致。从时间变化来看，空间分布特征基本没有变化，只是空间聚集范围有所缩小，尤其是 2003—2008 年，华北地区热点聚集范围有所扩大，而 2009—2013 年，热点聚集范围明显缩小，2014—2016 年，热点范围缩小速度减缓，表明这些年中国环境污染得到了有效的管控，但污染还是存在，亟须进行有效的治理。而相同时期的冷点聚集分布特征，2003 年主要集中分布在云南、广西和广东等地，以及陕西和甘肃等地，到 2008 年，华南地区冷点聚集分布范围缩小较明显，2013 年和 2016 年冷点聚集分布范围逐渐扩大。总体而言，2003—2008 年，大部分地区都在快速发展，忽视了生态环境保护，以至于污染加剧。2009—2016

年，大部分地污染范围有所缩小，表明政府和社会都越来越重视生态文明建设，使得环境越来越好，空气质量向好的方向转变。

3.3 碳排放时空动态演化特征

综合分析2003—2016年碳排放演变特征（见附表4），各个时期的二氧化碳排放空间分布特征相似，大部分集中在京津冀地区和长三角地区，华南地区则主要集中在珠三角以及西南地区的重庆市，这些地区都是经济发达地区，产业也相对集中。

我们对2003年、2008年、2013年、2016年的碳排放做空间冷热点分析（见附表5）。2003年碳排放冷热点空间分布特征：热点主要集中在京津冀地区和长三角地区，冷点主要分布在四川、甘肃和陕西交界处，以及广西和湖南交界地区。2008年碳排放冷热点空间分布特征和2003年相似，不同的是热点地区有所扩大，冷点区域也在扩大，说明这个时期京津冀和长三角地区经济发展迅速，产业发展布局更广。2013年碳排放空间分布与2008年相似，热点地区仍是京津冀和长三角，冷点还是中西部地区和广西部分地区，不同的是京津冀地区热点向北和向西扩张，长三角热点范围有所缩小，冷点区域分散，说明该时期产业转移较明显。2016年碳排放空间分布特征和2013年相似，热点主要集中在京津冀和长三角地区，冷点主要集中在中西部和广西，热点地区范围有所缩小，冷点地区范围无明显变化。

4 环境污染及碳排放影响因子空间响应分析

4.1 研究模型

4.1.1 地理探测器模型

GWR 模型的计算公式如下：

$$yi = \sum_{j=1}^{k} \beta bwj(ui, vi) xij + \varepsilon i \tag{4.1}$$

式中，bwj 代表了第 j 个变量回归系数使用的带宽。GWR 的每个回归系数 βbwj 都是基于局部回归得到的，且带宽具备特异性，在经典 GMR 中，βbwj 的所有变量带宽相同。本研究使用最为常见的二次核函数和 AICc 准则。

经典 GWR 使用了加权最小二乘法估计方法，GWR 可以看成是一个广义加性模型（GAM）。公式如下：

$$y = \sum_{j=1}^{k} fj + \varepsilon(fj = \beta bwjxj) \tag{4.2}$$

对于广义加性模型可以使用后退拟合算法（back-fiting algorithm）来进行各个平滑项的拟合。后退拟合算法首先需要对所有的平滑项进行初始化设置，这意味着需要对 GWR 模型中的各个系数在先期进行初步估计。初始化一般有四种选择：①经典 GWR 估计。②半参数 GWR 估计。③最小二乘法估计。④均设置为 0。本研究选择以经典 GWR 估计作为初始估计。在确定初始化设置之后，则可以计算真实值与初始化估计得到的预测值之间的差距，也就是初始化残差 $\hat{\varepsilon}$ 。公式如下：

$$\hat{\varepsilon} = y - \sum_{j=1}^{k} \bar{f}j \tag{4.3}$$

在残差 $\hat{\varepsilon}$ 加上第一个加性项 $\bar{f}1$ 与第一个自变量 X1 上进行经典 GWR 回归，找到最优的带宽 $bw1$ 和一列新的参数估计 $\bar{f}1$ 和 $\hat{\varepsilon}$ 来替换之前的估计。然后残差加上第二个加性项 $\bar{f}2$ 与第二个变量 $X2$ 回归并更新第二个变量的参数估计 $\bar{f}2$ 和 $\hat{\varepsilon}$ 。以此类推，重复进行，直到最后一个自变量（第 k 个自变量）Xk 。以上整体为一步，重复直到估计收敛到收敛准则为止。本研究采用经典的残差平方和变化比例（RSS）作为收敛准则。

$$SOCRSS = \left| \frac{RSSnew - RSSold}{RSSnew} \right| \tag{4.4}$$

式中，$RSSold$ 代表上一步残差平方和，$RSSnew$ 代表这一步残差平方和。

4.1.2 地理加权回归模型

地理探测器模型是中国科学院地理研究所王劲峰老师开发的一个空间统计模型，其核心思想基于这样的假设：如果某个自变量对某个因变量有重要影响，那么自变量和因变量的空间分布应该具有相似性。该模型主要由“分异与因子探测模型”“交互探测模型”“生态探测模型”“风险探测模型”四个部分构成。地理探测器是探测空间分异性以及揭示其背后驱动力的一组统计学方法，包括风险探测、因子探测、生态探测和交互探测。其原理见图 4.1。

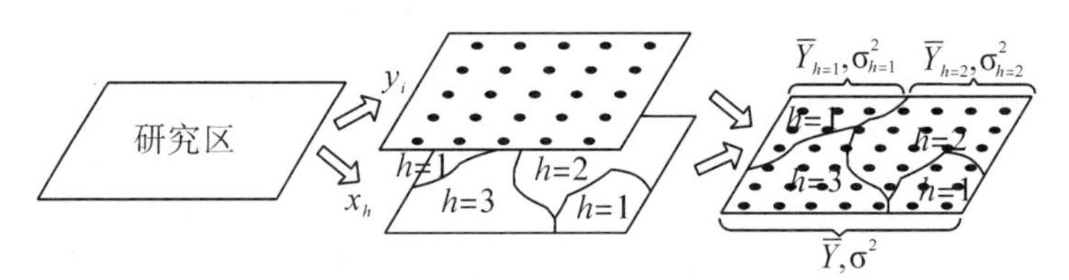

图 4.1 地理探测器模型原理

4.1.2.1 因子探测

分异与因子探测：探测 Y 的空间分异性，以及探测某因子 X 多大程度上解释了属性 Y 的空间分异。用 q 值度量，q 的值域为［0，1］，值越大说明 Y 的空间分异性越明显；如果分层是由自变量 X 生成的，则 q 值越大表示自变量 X 对属性 Y 的解释力越强，反之则越弱。在极端情况下，q 值为 1，表明因子 X 完全控制了 Y 的空间分布；q 值为 0，则表明因子 X 与 Y 没有任何关系，q 值表示 X 解释了 $100 \times q\%$ 的 Y。我们据此得到以下公式：

$$q = 1 - \frac{1}{n\sigma^2} \sum_{h=1}^{L} n_h \sigma_h^2 = 1 - \frac{SSW}{SST} \tag{4.5}$$

式中，n 为研究区全部样本数；σ^2 为整个区域 Y 值的离散方差；$h=1$，2，3，…，L；L 为变量 Y 或因子 X 的分层，即分类或分区；SSW 和 SST 分别是层内方差之和以及全区总方差。q 为影响因子 X 对变量 Y 的解释力，值域范围为［0，1］，值越大说明 Y 的空间分异性越明显。

4.1.2.2　交互作用探测

识别不同影响因子之间的交互作用，可以通过比较单因子作用时两个因子的 $q(x1)$ 和 $q(x2)$ 值之和与双因子交互作用时 $q(x1\cap x2)$ 的值来判断两个因子的交互作用是增加了对 Y 的影响还是减弱了对 Y 的影响，或者两个因子是独立起作用的。

（1）当 $q(X1\cap X2)<\min[q(X1)、q(X2)]$ 时，$X1$、$X2$ 对 Y 的解释力呈非线性减弱关系；

（2）当 $\min[q(X1)、q(X2)]<q(X1\cap X2)<\max[q(X1)、q(X2)]$ 时，$X1$、$X2$ 对 Y 的解释力呈单因子非线性减弱关系；

（3）当 $q(X1\cap X2)>\max[q(X1)、q(X2)]$ 时，$X1$、$X2$ 对 Y 的解释力呈双因子增强关系；

（4）当 $q(X1\cap X2)=q(X1)+q(X2)$ 时，$X1$、$X2$ 对 Y 的解释力相互独立；

（5）当 $q(X1\cap X2)>q(X1)+q(X2)$ 和时，$X1$、$X2$ 对 Y 的解释力呈非线性增强关系。

两个自变量对因变量交互作用的类型如图 4.2 所示。

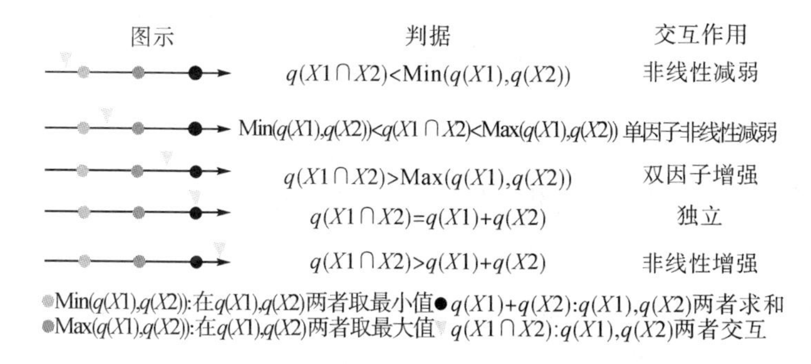

图 4.2　两个自变量对因变量交互作用的类型

4.1.2.3　生态探测

比较影响因子在影响 Y 空间分布上在不同子区域内总方差的差异。如比较影响因子 $X1$ 和 $X2$ 在各自不同子区域内总方差的差异，可判断 $X1$ 和 $X2$ 中谁对 Y 空间分布具有更重要的影响力，以 F 统计量来衡量。其公式如下：

$$F = \frac{N_{x_1}(N_{x_2} - 1)\ SSW_{x_1}}{N_{x_2}(N_{x_1} - 1)\ SSW_{x_2}} \tag{4.6}$$

$$SSW_{x_1} = \sum_{h=1}^{L_1} N_h \sigma_h^2 \tag{4.7}$$

$$SSW_{x_2} = \sum_{h=1}^{L_2} N_h \sigma_h^2 \tag{4.8}$$

式中，N_{x_1} 和 N_{x_2} 分别表示两种因子 *X*1 和 *X*2 的样本量；SSW_{x_1} 和 SSW_{x_2} 分别表示由 X1 和 X2 形成的分层的层内方差之和；*L*1 和 *L*2 分别表示变量 *X*1 和 *X*2 分层数目。其中零假设 H0：$SSW_{x_1} = SSW_{x_2}$ 如在 α 的显著水平上拒绝 H0，这表明两种因子 *X*1 和 *X*2 对 Y 的空间分布的影响存在着显著的差异。

4.1.2.4　离散化处理

该模型中 X 自变量的数据要求为类型量，因此，在使用时需要对自变量数据 X 进行离散化，也就是需要对数据进行分类，通过多次迭代分类，最后选取最优的分类数。最优离散分类流程图见图 4.3。

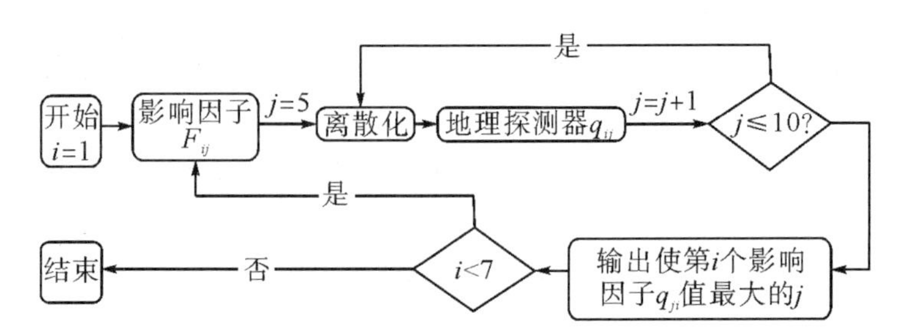

图 4.3　最优离散分类流程图

4.2　环境污染影响因子空间响应特征

PM2.5 的时空分布规律和影响因素是大气环境研究的重要问题，其中识别区域 PM2.5 的主要影响因素则是解决问题的关键所在。在已有研究中，针对影响因素的探究多从全局性出发，忽略了地区 PM2.5 影响因素的空间异质性。然而 PM2.5 具有明显的区域性特征，不同地区的自然条件和社会经济发展对其作用存在着明显的空间差异，这使得全局分析具有一定的局限，不能较好地揭示因素作用的空间异质性特征。因此，本节运用地理加权回归模型探究各因素对 PM2.5 浓度的影响强度和作用方向，同时揭示影响因素的空间异质性，可以在识别区域雾霾污染的主导因素基础上制定针对性、差别化的空气质量提升对策，为区域雾霾的治理提供依据。

在进行实证分析时，常常需要分析变量的共线性问题，因为当解释变量间存在高度相关时，会使得回归模型估计失真，此时就需要对模型变量进行调整。

驱动变量为自然要素和社会要素。

自然要素：X1 为植被指数（NDVI）；X2 为植被增强指数（EVI）；X3 为植被净初级生产力（NPP）；X4 为降水（Rain）；X5 为气温（Term）。

社会要素：X6 为第二产业比重（IS）；X7 为地区人均 GDP（PGDP）；X8 为科研投入（RD）；X9 为工业专业化集聚水平（GYspeci）；X10 为工业多样化集聚水平（GYvari）。

一般而言，我们会使用 VIF（variance inflation factor，方差膨胀因子）来进行检验，若 VIF≤10，则模型的共线性问题较小，若 VIF>10，则需要重新调整回归模型的变量。计算结果如表 4.1 所示。

表 4.1　各个影响因子 VIF 值

变量名称	NDVI	EVI	NPP	Rain	Tem
VIF 值	20.15	18.48	3.25	3.70	2.57
变量名称	IS	PGDP	RD	GYspeci	GYvari
VIF 值	1.62	1.25	1.46	1.08	1.04

从表 4.1 可以看出各个变量的方差膨胀因子排序：NDVI>EVI>Rain>NPP>Tem>IS>RD>PGDP>GYspeci>GYvari。对应的方差膨胀因子值分别为：20.15、18.48、3.7、3.25、2.57、1.62、1.46、1.25、1.08、1.04，其中 NDVI 和 EVI 的 VIF 值大于 10，与 PM2.5 存在明显的共线性问题，因而在变量选择中剔除该变量。而 NPP、Rain 变量的方差膨胀因子值是 3.25 和 3.7，Tem 的方差膨胀因子值是 2.57，其他变量方差膨胀因子值都小于 2。根据结果我们最后选择 NPP、Rain、Tem、IS、PGDP、RD 以及 GYspeci 和 GYvari 为解释变量，用地理加权回归模型探讨各个变量对环境污染空间分布的影响。通过筛选变量分析各变量的统计描述，见表 4.2。

表 4.2　各个影响因子统计描述

变量	PM2.5	NPP	Rain	Tem	IS	PGDP	RD	GYspeci	GYvari
Min.	4.517	351	0.084 59	271.4	34	14.95	99	0.002	0.063
1st Qu.	23.796	3 736	0.651 34	283.0	1 933	41.81	13 099	0.405	1.230

表4. 2(续)

变量	PM2. 5	NPP	Rain	Tem	IS	PGDP	RD	GYspeci	GYvari
Median	34. 109	4 846	1. 070 16	288. 3	9 030	49. 02	24 661	0. 581	1. 720
Mean	36. 553	5 296	1. 113 75	287. 2	47 138	48. 69	32 692	0. 678	2. 446
3rd Qu	48. 160	6 506	1. 522 88	291. 0	26 749	55. 47	43 039	0. 814	2. 469
Max.	90. 856	12 072	2. 846 31	298. 4	4 035 240	90. 97	467 749	15. 835	573. 133

4. 2. 1　影响因子地理探测分析

4. 2. 1. 1　2003 年各个变量影响特征

我们首先计算方差膨胀因子值如表 4. 3 所示，结果排序为：Tem>NPP>Rain > RD > PGDP > GYvari > IS > GYspeci。对应的方差膨胀因子值分别为：3. 013 607、2. 046 662、2. 631　490、1. 833　022、1. 707　126、1. 257　3、1. 233 324、1. 198 891。根据方差膨胀因子值选择条件，小于 10 说明变量共线性较弱，而 2003 年各变量的方差膨胀因子最高值是 Tem 变量（3. 013 607），小于 10，说明选取变量因子无明显贡献问题，可做分析因子。

表 4. 3　2003 年各影响变量方差膨胀因子值

NPP	Rain	Tem	IS	PGDP	RD	GYspeci	GYvari
2. 046 662	2. 631 490	3. 013 607	1. 233 324	1. 707 126	1. 833 022	1. 198 891	1. 257 300

分异及因子探测主要探测 Y 的空间分异性以及探测某因子 X 多大程度上解释了属性 Y 的空间分异，用 q 值度量，公式略。q 值表示 X 解释了 $100\times q\%$ 的 Y。q 值越大，自变量 X 对 Y 的解释力越强。

我们通过因子探测各影响变量对 PM2. 5 空间分布的解释力（见表 4. 4），结果排序为：Tem>NPP>Rain>PGDP>RD>IS>GYspeci>GYvari。对应的解释力 q 值分别为：0. 256　913、0. 178　673、0. 419　333、0. 080　187、0. 134　434、0. 085 064 0、0. 035 64、0. 032 471。全部通过 0. 05 显著水平检验，其中小于 0. 01 检验值的分别为 NPP、Rain、Tem、IS、PGDP，而 RD、GYspeci、GYvari 变量的检验值都大于 0. 01，说明自然因子对 PM2. 5 的空间分布解释力较强，人类活动的影响力相对较小。

表 4.4 各变量对 PM2.5 空间分布影响的解释力

序号	变量	q 值	sig
1	NPP	0.256 913	0.000 0
2	Rain	0.178 673	0.000 0
3	Tem	0.419 333	0.000 0
4	IS	0.080 187	0.019 5
5	PGDP	0.134 434	0.000 1
6	RD	0.085 064	0.043 5
7	GYspeci	0.035 640	0.385 0
8	GYvari	0.032 471	0.312 0

交互作用探测可以识别不同风险因子 X 与 s 之间的交互作用，即评估两两因子共同作用时是否会增加或减弱对因变量 Y 的解释力，或这些因子对 Y 的影响是否相互独立的。由交互作用探测结果得出表 4.5，Tem 因子和 PGDP 因子、RD 因子与 GYvari 因子、Teml 因子和 RD 因子、GYspeci 和 GYvari、Rain 因子和 RD 因子交互影响大于单因子影响，但小于单因子之和，呈双因子增强关系；Rain 因子和 Tem 因子、RD 因子和 GYspeci 因子、IS 因子和 RD 因子、NPP 和 Rain 因子、NPP 和 Tem 因子、NPP 和 GYvari 因子、Tem 因子和 IS 因子、PGDP 和 RD 因子、NPP 和 GYspeci 因子、NPP 和 RD 因子、PGDP 因子和 GYvari 因子、IS 因子和 PGDP 因子、Tem 因子和 GYvari 因子、Rain 因子和 GY-vari 因子、Tem 因子和 GYspeci 因子、NPP 因子和 IS 因子、IS 因子和 GYvari 因子、Rain 因子和 IS 因子、Rain 因子和 PGDP 因子、PGDP 因子和 GYspeci 因子、IS 因子和 GYspeci 因子都呈非线性增加关系。

表 4.5 各影响变量交互影响

交互变量	C=AB	A+B	比较	解释
Tem PGDP	0.526 8	0.553 767	C>A，C>B，C<A+B	双因子增强关系
RD GYvari	0.097 9	0.117 535		
Tem RD	0.485 4	0.504 397		
GYspeci GYvari	0.052 2	0.068 111		
Rain RD	0.258 4	0.263 737		

表4.5(续)

交互变量	C=AB	A+B	比较	解释
Rain Tem	0.606 2	0.598 006		
RD GYspeci	0.135 3	0.120 704		
IS RD	0.183 0	0.165 251		
NPP Rain	0.458 8	0.435 586		
NPP Tem	0.710 6	0.676 246		
NPP GYvari	0.327 2	0.289 384		
Tem IS	0.538 4	0.499 52		
PGDP RD	0.261 0	0.219 498		
NPP GYspeci	0.342 1	0.292 553		
NPP RD	0.391 8	0.341 977		
PGDP GYvari	0.217 7	0.166 905		
IS PGDP	0.277 2	0.214 621	C>A，C>B，C>A+B	非线性增强
Tem GYvari	0.514 9	0.451 804		
Rain GYvari	0.296 5	0.211 144		
Tem GYspeci	0.542 6	0.454 973		
NPP IS	0.441 1	0.337 100		
IS GYvari	0.221 8	0.112 658		
Rain IS	0.378 4	0.258 86		
Rain PGDP	0.444 5	0.313 107		
PGDP GYspeci	0.306 0	0.170 074		
NPP PGDP	0.532 3	0.391 347		
Rain GYspeci	0.357 8	0.214 313		
IS GYspeci	0.322 6	0.115 827		

生态探测用于比较两因子 $X1$ 和 $X2$ 对属性 Y 的空间分布的影响是否有显著的差异，以 F 统计量来衡量。生态探测结果见表 4.6。大部分因子对 PM2.5 的空间分布的影响存在显著差异，只有 RD 因子和 IS 因子、GYvari 因子和 GYspeci 因子对 PM2.5 空间分布的影响无显著差异。

表 4.6　生态探测各变量因子对 PM2.5 的空间分布影响差异特征

变量	NPP	Rain	Tem	IS	PGDP	RD	GYspeci
Rain	Y						
Tem	Y	Y					
IS	Y	Y	Y				
PGDP	Y	Y	Y	Y			
RD	Y	Y	Y	N	Y		
GYspeci	Y	Y	Y	Y	Y	Y	
GYvari	Y	Y	Y	Y	Y	Y	N0

4.2.1.2　2008 年各个变量影响特征

我们进行 2008 年各变量影响解释力因子探测（见表 4.7），可得各影响因子对 PM2.5 空间分布影响的排序为：IS> PGDP> RD> GYvari> GYspeci> Tem> NPP > Rain。对应的解释力 q 值为：0.141 796、0.115 111、0.065 687、0.064 327、0.047 211、0.043 163、0.040 396、0.019 015。通过 0.05 检验的有 IS、PGDP、GYvari，说明这个时期主要是人类活动影响占主导作用，自然要素的作用相对较弱。与 2003 年相比，该时期人类活动明显增强。

表 4.7　2008 年各个变量影响

变量	q 值	sig
NPP	0.040 396	0.231 0
Rain	0.019 015	0.638 0
Tem	0.043 163	0.174 0
IS	0.141 796	0.000 0
PGDP	0.115 111	0.000 5
RD	0.065 687	0.097 6
GYspeci	0.047 211	0.186 0
GYvari	0.064 327	0.047 4

我们进行2008年影响因子交互探测（见表4.8），NPP因子和Tem因子、Rain因子和Tem因子、NPP和Rain因子都呈非线性减弱关系，说明自然因子对PM2.5空间分布的影响有交互减弱现象；Tem因子和RD因子、Tem因子和PGDP因子、Tem因子和GYvari因子、Tem因子和IS因子、NPP和RD因子、NPP和GYspeci因子都呈单因子非线性减弱关系；NPP因子和PGDP因子、Rain因子和RD因子、Rain因子和PGDP、NPP因子和GYvari因子、NPP因子和IS因子、Rain因子和GYspeci因子、GYspeci因子和GYvari因子、Rain因子和IS因子、人均地区GDP和RD因子、IS因子和RD因子、RD因子和GYspeci因子、人均地区GDP和GYspeci因子、人均地区GDP和GYvari因子、Rain因子和GYvari因子都呈非线性增强关系。

表4.8　2008年交互变量探测

交互变量		C=AB	A+B	C-(A+B)	比较	解释
NPP Tem	0.167 1	0.676 246	-0.509 15		C<A+B，C<A，C<B	非线性减弱关系
Rain Tem	0.100 6	0.598 006	-0.497 41			
NPP Rain	0.124 0	0.435 586	-0.311 59			
Tem RD	0.172 6	0.504 397	-0.331 80		C<A+B，C<A，C>B	单因子非线性减弱关系
Tem PGDP	0.232 0	0.553 767	-0.321 77			
Tem GYspeci	0.191 9	0.454 973	-0.263 07			
Tem GYvari	0.260 6	0.451 804	-0.191 20			
Tem IS	0.313 7	0.499 52	-0.185 82			
NPP RD	0.223 9	0.341 977	-0.118 08			
NPP GYspeci	0.220 1	0.292 553	-0.072 45			

表4.8(续)

交互变量		C=AB	A+B	C-(A+B)	比较	解释
NPP PGDP	0.272 7	0.391 347	-0.118 65			
Rain RD	0.189 5	0.263 737	-0.074 24			
Rain PGDP	0.265 4	0.313 107	-0.047 71			
NPP GYvari	0.262 1	0.289 384	-0.027 28			
NPP IS	0.322 1	0.337 100	-0.015 00			
Rain GYspeci	0.200 0	0.214 313	-0.014 31			
GYspeci GYvari	0.089 3	0.068 111	0.021 189			
Rain IS	0.294 1	0.258 860	0.035 240			
PGDP RD	0.268 9	0.219 498	0.049 402		C>A+B, C>A, C>B	非线性增强关系
IS RD	0.233 7	0.165 251	0.068 449			
RD GYspeci	0.192 5	0.120 704	0.071 796			
PGDP GYspeci	0.242 9	0.170 074	0.072 826			
PGDP GYvari	0.251 2	0.166 905	0.084 295			
Rain GYvari	0.298 6	0.211 144	0.087 456			
RD GYvari	0.214 5	0.117 535	0.096 965			
IS PGDP	0.369 7	0.214 621	0.155 079			
IS GYvari	0.329 2	0.112 658	0.216 542			
IS GYspeci	0.354 6	0.115 827	0.238 773			

我们通过生态风险测算发现，大部分因子对 PM2.5 的空间分布影响力呈显著差异，只有 Tem 因子和 NPP 因子、GYspeci 因子和 Tem 因子、GYvari 因子和 RD 因子对 PM2.5 的空间分布影响无显著差异，如表 4.9 所示。

表 4.9　2008 年各变量生态风险探测

变量	NPP	Rain	Tem	IS	PGDP	RD	GYspeci
Rain	Y						
Tem	N	Y					
IS	Y	Y	Y				
PGDP	Y	Y	Y	Y			
RD	Y	Y	Y	Y	Y		
GYspeci	Y	Y	N	Y	Y	Y	
GYvari	Y	Y	Y	Y	Y	N	Y

4.2.1.3 2013 年各个变量影响特征

因子探测分析结果见表 4.10。各个影响因子对 PM2.5 的影响排序：IS> PGDP> GYspeci> Tem> GYvari> RD> NPP> Rain。各影响因子 q 值解释力分别为：0.165 546、0.100 525、0.084 192、0.055 13、0.043 468、0.043 111、0.040 342、0.039 167。其中通过 0.05 显著水平检验的有 IS 因子、PGDP 因子、GYspeci 因子，整体来看，还是人类活动因子比自然因子的影响更明显。

表 4.10 2013 年因子探测

变量	q 值	sig
NPP	0.040 342	0.150 0
Rain	0.039 167	0.229 0
Tem	0.055 130	0.064 7
IS	0.165 546	0.000 0
PGDP	0.100 525	0.005 7
RD	0.043 111	0.171 0
GYspeci	0.084 192	0.021 7
GYvari	0.043 468	0.148 0

2013 年各个影响因子对 PM2.5 空间分布交互影响结果见表 4.11。NPP 因子和 Tem 因子、NPP 因子和 Rain 因子都呈非线性减弱关系；Rain 因子和 Tem 因子、Tem 因子和 PGDP 因子、Tem 因子和 GYvari 因子、Tem 因子和 GYspeci 因子、Tem 因子和 RD 因子、NPP 因子和 PGDP 因子、Tem 因子和 IS 因子、NPP 因子和 RD 因子、NPP 因子和 GYvari 因子、NPP 因子和 GYspeci 因子都呈单因子非线性减弱关系；Rain 因子和 PGDP 因子、NPP 因子和 IS 因子、PGDP 因子和 RD 因子、Rain 因子和 GYvari 因子、Rain 因子和 GYspeci 因子、GYspeci 因子和 GYvari 因子、PGDP 因子和 GYvari 因子、PGDP 因子和 GYspeci 因子、IS 因子和 PGDP 因子、Rain 因子和 RD 因子、RD 因子和 GYspeci 因子、Rain 因子和 IS 因子、RD 因子和 GYvari 因子、IS 因子和 GYvari 因子、IS 因子和 RD 因子、IS 因子和 GYspeci 因子都呈非线性增强关系。

表 4.11　2013 年交互探测

交互变量		C=AB	A+B	C-(A+B)	C-A	C-B
NPP Tem	0.159 0	0.676 246	-0.517 25		C<A+B，C<A，C<B	非线性减弱关系
NPP Rain	0.116	0.435 586	-0.319 59			
Rain Tem	0.193 2	0.598 006	-0.404 81		C<A+B；C<A，C>B 或 C>1，C<B	单因子非线性减弱关系
Tem PGDP	0.184 6	0.553 767	-0.369 17			
Tem GYvari	0.201 8	0.451 804	-0.250 00			
Tem GYspeci	0.223 2	0.454 973	-0.231 77			
Tem RD	0.286 7	0.504 397	-0.217 70			
NPP PGDP	0.226 2	0.391 347	-0.165 15			
Tem IS	0.390 6	0.499 520	-0.108 92			
NPP RD	0.238 4	0.341 977	-0.103 58			
NPP GYvari	0.199 0	0.289 384	-0.090 38			
NPP GYspeci	0.212 7	0.292 553	-0.079 85			
Rain PGDP	0.195 6	0.313 107	-0.117 51		C>A+B，C>A，C>B	非线性增强关系
NPP IS	0.307 5	0.337 100	-0.029 60			
PGDP RD	0.224 6	0.219 498	0.005 102			
Rain GYvari	0.233 9	0.211 144	0.022 756			
Rain GYspeci	0.244 0	0.214 313	0.029 687			
GYspeci GYvari	0.099 7	0.068 111	0.031 589			
PGDP GYvari	0.198 7	0.166 905	0.031 795			
PGDP GYspeci	0.212 3	0.170 074	0.042 226			
IS PGDP	0.268 1	0.214 621	0.053 479			
Rain RD	0.328 4	0.263 737	0.064 663			
RD GYspeci	0.231 0	0.120 704	0.110 296			
Rain IS	0.376 4	0.258 86	0.117 540			
RD GYvari	0.247 3	0.117 535	0.129 765			
IS GYvari	0.297 1	0.112 658	0.184 442			
IS RD	0.368 2	0.165 251	0.202 949			
IS GYspeci	0.319 4	0.115 827	0.203 573			

我们通过生态风险探测分析 2013 年各影响因子对 PM2.5 空间分布的影响差异情况（表 4.12），可以看出 GYvari 因子和 NPP 因子、RD 因子和 NPP 因子、Rain 因子和 NPP 因子、RD 因子和 Rain 因子、工业专业化集聚和 RD 因子

对 PM2.5 空间分布的影响无显著差异，其他因子之间都呈显著差异特征。

表 4.12　2013 年生态风险探测

变量	NPP	Rain	Tem	IS	PGDP	RD	GYspeci
Rain	N						
Tem	Y	Y					
IS	Y	Y	Y				
PGDP	Y	Y	Y	Y			
RD	N	N	Y	Y	Y		
GYspeci	Y	Y	Y	Y	Y	Y	
GYvari	N	N	Y	Y	Y	N	Y

4.2.1.4　2016 年影响因子对 PM2.5 空间分布的影响特征

我们通过因子探测分析各影响要素对 PM2.5 空间分布的影响强度，见表 4.13。各影响要素的解释力排序依次为：IS>GYspeci>GYvari>PGDP>Tem>RD>NPP>Rain。对应的解释力 q 值分别为：0.130 443、0.078 014、0.077 254、0.074 256、0.062 116、0.053 402、0.052 644、0.044 689。其中 IS 因子和 PGDP 因子通过 0.01 显著水平检验，Tem 因子、RD 因子、GYspeci 因子和 GYvari 因子通过 0.05 显著水平检验，而 NPP 因子和 Rain 因子没有通过 0.1 显著水平检验。

表 4.13　影响因子探测

变量	q 值	sig
NPP	0.052 644	0.121 0
Rain	0.044 689	0.112 0
Tem	0.062 116	0.011 0
IS	0.130 443	0.000 0
PGDP	0.074 256	0.008 4
RD	0.053 402	0.033 9
GYspeci	0.078 014	0.032 2
GYvari	0.077 254	0.015 4

我们通过交互探测得到表 4.14，NPP 因子和 Tem 因子、NPP 因子和 Rain 因子对 PM2.5 空间分布影响呈交互非线性减弱关系；Rain 因子和 Tem 因子、Tem 因子和 PGDP 因子、Tem 因子和 RD 因子、NPP 因子和 GYspeci 因子、Tem

因子和工业专业集聚因子、Tem 因子和 GYvari 因子、Tem 因子和 RD 因子、NPP 因子和 PGDP 因子、NPP 因子和 RD 因子等对 PM2.5 空间分布的影响呈单因子非线性减弱；Rain 因子和 PGDP 因子、Rain 因子和 RD 因子、PGDP 因子和 RD 因子、Rain 因子和 GYvari 因子、PGDP 因子和 GYvari 因子等交互作用对 PM2.5 空间分布的影响呈双因子增加强关系；NPP 因子和 IS 因子、Rain 因子和 GYvari 因子、NPP 因子和 GYvari 因子、Rain 因子和 IS 因子、GYspeci 因子和 GYvari 因子、PGDP 因子和 GYvari 因子、IS 因子和 RD 因子、RD 因子和 GYspeci 因子、RD 因子和 GYvari 因子、IS 因子和 PGDP 因子、IS 因子和 GYspeci 因子、IS 因子和 GYvari 因子等交互作用对 PM2.5 空间分布的影响呈非线性增强关系。

表 4.14 影响要素交互探测

交互变量	C=AB	A+B	C-(A+B)	关系
NPP Tem	0.239 3	0.676 246	-0.436 95	非线性减弱
NPP Rain	0.171 0	0.435 586	-0.264 59	
Rain Tem	0.181 0	0.598 006	-0.417 01	单因子非线性减弱
Tem PGDP	0.193 8	0.553 767	-0.359 97	
Tem RD	0.163 0	0.504 397	-0.341 40	
NPP GYspeci	0.236 0	0.292 553	-0.056 55	
Tem GYspeci	0.234 0	0.454 973	-0.220 97	
Tem GYvari	0.274 8	0.451 804	-0.177 00	
Tem IS	0.327 0	0.499 520	-0.172 52	
NPP PGDP	0.252 7	0.391 347	-0.138 65	
NPP RD	0.217 8	0.341 977	-0.124 18	
Rain PGDP	0.208 6	0.313 107	-0.104 51	双因子增强关系
Rain RD	0.182 6	0.263 737	-0.081 14	
PGDP RD	0.145 2	0.219 498	-0.074 30	
Rain GYspeci	0.179 2	0.214 313	-0.035 11	
PGDP GYspeci	0.157 5	0.170 074	-0.012 57	

表4.14(续)

交互变量	C=AB	A+B	C-(A+B)	关系
NPP IS	0.361 7	0.337 10	0.024 600	非线性增加关系
Rain GYvari	0.254 0	0.211 144	0.042 856	
NPP GYvari	0.333 7	0.289 384	0.044 316	
Rain IS	0.305 5	0.258 860	0.046 640	
GYspeci GYvari	0.122 2	0.068 111	0.054 089	
PGDP GYvari	0.237 3	0.166 905	0.070 395	
IS RD	0.240 4	0.165 251	0.075 149	
RD GYspeci	0.201 4	0.120 704	0.080 696	
RD GYvari	0.217 0	0.117 535	0.099 465	
IS PGDP	0.326 3	0.214 621	0.111 679	
IS GYspeci	0.296 6	0.115 827	0.180 773	
IS GYvari	0.347 0	0.112 658	0.234 342	

我们用生态风险探测计算影响要素对PM2.5空间分布影响的空间差异，如表4.15所示，IS因子和NPP因子、IS因子和Tem因子、GYspeci因子和PGDP因子、GYvari因子和PGDP因子、GYvari因子和GYspeci因子对PM2.5空间分布的影响无显著差异，其他因子对PM2.5空间分布的影响存在显著差异。

表4.15 影响要素对PM2.5空间分布影响的空间差异特征

变量	NPP	Rain	Tem	IS	PGDP	RD	GYspeci
Rain	Y						
Tem	Y	Y					
IS	Y	Y	Y				
PGDP	Y	Y	Y	Y			
RD	N	Y	N	Y	Y		
GYspeci	Y	Y	Y	Y	N	Y	
GYvari	Y	Y	Y	Y	N	Y	N

4.2.2　地理加权回归分析

如表4.16所示，通过对比分析线性回归分析与地理加权回归分析，我们发现在线性回归模型中，Multiple R-squared等于0.054，说明各变量无共线性问题，Adjusted R-squared等于0.026，说明各影响变量的解释力度不够，AICc等于2 371.185。从各个变量的解释力来看，只有NPP和IS解释系数通过0.05显著水平检验，其他变量都没有通过显著水平检验。

表4.16　线性回归结果

Results of Global Regression				
Coefficients：				
	Estimate	Std. Error	t value	Pr（>| t| ）
(Intercept)	0.278 0	0.790 4	0.352	0.725 3
NPP	-0.001 2	0.000 7	-1.653	0.099 4
Rain	3.097 0	2.693 0	1.150	0.251 2
Tem	-0.005 8	0.283 2	-0.021	0.983 6
IS	0.000 0	0.000 0	1.717	0.087 2
PGDP	0.193 3	0.098 4	1.965	0.050 5
RD	0.000 0	0.000 0	0.349	0.727 6
GYspeci	2.005 0	2.846 0	0.704	0.481 8
GYvari	-0.361 0	0.259 2	-1.393	0.164 8
Signif. codes：　0 ´***´ 0.001 ´**´ 0.01 ´*´ 0.05 ´.´ 0.1 ´´ 1				
Multiple R-squared：0.053 72 Adjusted R-squared：0.025 89 AICc：2 371.185				

通过地理加权回归模型分析，我们可以得出各影响因子的作用强度，NPP、Tem、RD、GYspeci和GYvari对环境污染状况有改善作用，其中Tem、RD和GYspeci和GYvari对环境污染状况的改善作用显著通过0.001显著水平检验。Rain、IS和PGDP对环境污染有加剧作用，而且PGDP对环境污染的加剧作用P值通过0.001显著水平检验，IS占比对环境污染的加剧作用P值通过0.05显著水平检验。其中Adjusted R-square值为0.686，AICc值为2 143.771。具体见表4.17。

表 4. 17　地理加权回归结果

Summary of GWR coefficient estimates：

	Min.	1st Qu.	Median	3rd Qu.	Max.
Intercept	−0. 053 0	1. 885 4	0. 444 7	0. 014 8	453. 634 9
NPP	−0. 003 7	−0. 001 2	−0. 000 5	0. 000 0	0. 002 6
Rain	−4. 545 2	−0. 019 9	1. 527 3	3. 483 4	17. 220 4
Tem	−1. 497 1	−0. 387 9	−0. 052 2	0. 084 0	1. 891 8
IS	0. 000 0	0. 000 0	0. 000 0	0. 000 0	0. 000 1
PGDP	−0. 461 86	−0. 049 2	0. 067 6	0. 358 8	1. 031 0
RD	0. 000 0	0. 000 0	0. 000 0	0. 000 0	0. 000 4
GYspeci	−0. 329 8	−4. 535 2	−0. 243 5	6. 228 4	25. 898 7
GYvari	−0. 119 99	−1. 505 1	−0. 322 78	0. 407 74	3. 141 6

Diagnostic information

AICc：2 143. 771
R−square value：0. 799 673 2
Adjusted R−square value：0. 685 894
** ** ** ** ** ** ** ** ** F test results of GWR calibration ** ** ** ** ** ** ** *** ***
F3 statistic Numerator DF Denominator DF Pr（>）

	F3 statistic	Numerator DF	Denominator DF Pr（>）
Intercept	2. 103 07	81. 744 12	Inf 0. 000 0 ***
NPP	0. 950 16	73. 968 38	Inf 0. 599 9
Rain	0. 733 11	119. 162 36	Inf 0. 987 3
Tem	1. 929 82	81. 811 09	Inf 0. 000 0 ***
IS	1. 384 62	28. 968 14	Inf 0. 081 6
PGDP	2. 597 56	95. 559 18	Inf 0. 000 0 ***
RD	1. 913 55	109. 920 84	Inf 0. 000 0 ***
GYspeci	2. 647 80	55. 837 85	Inf 0. 000 0 ***
GYvari	1. 738 22	46. 284 02	Inf 0. 001 4 **

Signif. codes：0 ´***
´0. 001 ´** ´0. 01 ´* ´0. 05 ´. ´0. 1 ´ ´ 1

我们通过对比分析可以看出，地理加权回归模型的 Adjusted R-square 值为 0.686，比线性回归模型的 0.026 明显更高；同样，地理加权回归模型的 AICc 为 2 143.771，比线性回归模型的 2 371.185 要小，而且在各个变量系数中，大部分因子解释系数都通过 0.05 显著水平检验，表明地理加权回归模型更能解释各个变量对环境污染的影响力。

二、影响因素空间响应分布特征

我们对地理加权回归模型 R^2 拟合优度进行结果评价，拟合优度大于 0.8 的，约占 59.43%，集中分布在南方地区、西部和华北部分地区；拟合优度为 0.8~0.6（不含），约占 24.57%；拟合优度为 0.6~0.4（不含），约占 5.69%；拟合优度为 0.4~0.2，约占 5.69%；拟合优度为 0.2~0，约占 4.62%。只有东北地区的拟合优度较低，大部分地区的拟合优度大于 0.8，说明地理加权回归模型各个变量总体解释力较强。

我们对地理加权回归模型进行计算，从 NPP 的系数变化特征来看，数值范围在 0.003 至-0.004 之间，影响值相对较小，而且空间分布存在明显差异性。负值主要分布在东部，越往西部数值越高且为正值。Rain 回归系数空间分布也存在明显差异性，渤海湾周边城市出现正高值，大部分地区为正值，值域范围在 0~5 之间；在黄土高原和长三角地区出现负值。Tem 与区域 PM2.5 相关回归系数特征大部分为负值，尤其是北方比南方的数值更明显，说明 Tem 对区域 PM2.5 的污染状况有改善作用。IS 对区域 PM2.5 影响分布特征，从数值范围来看影响范围较小。PGPD 对 PM2.5 的影响特征中，京津冀地区和长三角地区的回归系数较高，其他大部分地区回归系数值较低，负值较明显的地区就是黄土高原等地，说明在京津冀和长三角地区的发达地区，主导产业加剧了该地区的环境污染。RD 对 PM2.5 的影响，数值分布特征大部分地区为负值，只有少数地区为正值，进一步说明加大 RD，对绿色技术创新有促进作用，从而对环境污染状况有改善作用。GYspeci 对环境污染的影响分布特征，大部分地区呈负值，尤其是黄土高原地区较明显；东北地区正值较明显。GYvari 对环境污染的影响分布特征，数值范围大部分地区呈负值，尤其是黄土高原地区呈明显负值，这说明产业结构合理对环境污染状况有改善作用，而东北地区是老工业基地，产业结构没有变化，导致环境污染加剧。综上所述，不同地区产业结构不同，对环境污染的影响存在空间差异化现象。

4.3 碳排放驱动因素分析

我们用地理探测器模型分析2003年、2008年、2013年、2016年各因子对二氧化碳空间分布的影响特征。

4.3.1 2003年各个因子对二氧化碳空间分布的影响特征

我们对各影响因子进行共线性分析，主要根据VIF来判断，结果如表4.18所示。各个影响因子的VIF值都小于3，根据VIF经验判断，当值小于10时可以认为变量无明显共线性问题，因此本次所筛选因子都无明显共线性问题。

表4.18 方差膨胀因子（VIF）值

NPP	Rain	Tem	IS	PGDP	RD	GYspeci	GYvari
2.046 662	2.631 490	3.013 607	1.233 324	1.707 126	1.833 022	1.198 891	1.257 300

因子探测分析结果见表4.19。各个影响因子对二氧化碳空间分布影响强度排序为：IS>RD>PGDP>Rain>Tem>NPP>GYvari>GYspeci。对应的解释力q值分别为：0.594 205、0.356 910、0.136 756、0.099 766、0.080 922、0.073 956、0.070 951、0.058 959。其中Rain因子、Tem因子、IS因子、PGDP因子、RD因子的解释力都通过0.01显著水平检验，NPP因子、GYvari因子的解释力通过0.05显著水平检验，GYspeci因子通过0.1显著水平检验。

表4.19 2003年影响因子对二氧化碳空间分布因子探测

变量	q值	sig
NPP	0.073 956	0.011 9
Rain	0.099 766	0.001 3
Tem	0.080 922	0.006 2
IS	0.594 205	0.000 0
PGDP	0.136 756	0.000 0
RD	0.356 910	0.000 0
GYspeci	0.058 959	0.071 3
GYvari	0.070 951	0.038 6

我们通过交互探测研究各个因子对二氧化碳空间分布影响的特征（见表4.20），Tem 因子和 RD 因子、Tem 因子和 GYvari 因子、Tem 因子和 GYspeci 因子、Tem 因子和 PGDP 因子、Rain 因子和 Tem 因子、NPP 因子和 Tem 因子对二氧化碳空间分布影响呈非线性减弱关系；NPP 和 GYvari 因子、NPP 因子和 GYspeci 因子、NPP 因子和 RD 因子、NPP 因子和 PGDP 因子、NPP 因子和 Rain 因子对二氧化碳空间分布的影响呈双因子增加强关系；IS 因子和 GYvari 因子、IS 因子和 GYspeci 因子、IS 因子和 PGDP 因子、IS 因子和 RD 因子、Rain 因子和 IS 因子、NPP 因子和 IS 因子、RD 因子和 GYspeci 因子、RD 因子和 GYvari 因子、PGDP 因子和 RD 因子、PGDP 因子和 GYspeci 因子、PGDP 因子和 GYvari 因子、Rain 因子和 RD 因子、Tem 因子和 IS 因子、Rain 因子和 GYspeci 因子、Rain 因子和 GYvari 因子、Rain 因子和 PGDP 因子、GYspeci 因子和 GYvari 因子等对二氧化碳空间分布的影响呈非线性增强关系。

表 4.20 影响因子交互探测

交互变量		C=AB	A+B	C-(A+B)	比较	关系
IS GYvari	0.626 5	0.112 658	0.513 842		q(X1∩X2)>q(X1)+q(X2)	非线性增强关系
IS GYspeci	0.582 4	0.115 827	0.466 573			
IS PGDP	0.657 1	0.214 621	0.442 479			
IS RD	0.509 4	0.165 251	0.344 149			
Rain IS	0.588 2	0.258 860	0.329 340			
NPP IS	0.610 3	0.337 100	0.273 200			
RD GYspeci	0.370 0	0.120 704	0.249 296			
RD GYvari	0.321 4	0.117 535	0.203 865			
PGDP RD	0.374 7	0.219 498	0.155 202			
PGDP GYspeci	0.312 1	0.170 074	0.142 026			
PGDP GYvari	0.307 7	0.166 905	0.140 795			
Rain RD	0.380 1	0.263 737	0.116 363			
Tem IS	0.595 9	0.499 520	0.096 380			
Rain GYspeci	0.305 1	0.214 313	0.090 787			
Rain GYvari	0.290 0	0.211 144	0.078 856			
Rain PGDP	0.358 3	0.313 107	0.045 193			
GYspeci GYvari	0.105 3	0.068 111	0.037 189			

表4.20(续)

交互变量		C=AB	A+B	C-(A+B)	比较	关系
NPP GYvari	0.271 9	0.289 384	-0.017 480		q(X1∩X2)> max[q(X1)、q(X2)]	双因子增强关系
NPP GYspeci	0.264 8	0.292 553	-0.027 750			
NPP RD	0.277 4	0.341 977	-0.064 580			
NPP PGDP	0.275 6	0.391 347	-0.115 750			
NPP Rain	0.318 6	0.435 586	-0.116 990			
Tem RD	0.373 8	0.504 397	-0.130 600		min[q(X1)、q(X2)]< q(X1∩X2)< max[q(X1)、q(X2)]	单因子非线性减弱关系
Tem GYvari	0.312 6	0.451 804	-0.139 200			
Tem GYspeci	0.275 2	0.454 973	-0.179 770			
Tem PGDP	0.341 6	0.553 767	-0.212 170			
Rain Tem	0.293 3	0.598 006	-0.304 710			
NPP Tem	0.268 6	0.676 246	-0.407 650			

我们通过生态探测研究各影响因子对二氧化碳空间分布的影响差异性特征(见表4.21)，发现其中只有GYvari因子和NPP因子对二氧化碳空间分布影响无显著差异，其他影响因子对二氧化碳空间分布的影响存在显著差异。

表4.21 各影响因子生态探测

变量	NPP	Rain	Tem	IS	PGDP	RD	GYspeci
Rain	Y						
Tem	N	Y					
IS	Y	Y	Y				
PGDP	Y	Y	Y	Y			
RD	Y	Y	Y	Y	Y		
GYspeci	Y	Y	Y	Y	Y	Y	
GYvari	N	Y	N	Y	Y	Y	Y

4.3.2 2008年各因子对二氧化碳空间分布的影响特征

我们通过VIF值分析各影响因子是否存在共线性问题，如表4.22所示，其中VIF最高的是Rain因子，为5.9；其次是NPP因子，为3.63。其他排序依次为Tem>RD>PGDP>IS>GYvari>GYspeci，其VIF都小于10，说明无明显共线性问题。

表 4.22　各影响因子 VIF 值共线性

NPP	Rain	Tem	IS	PGDP	RD	GYspeci	GYvari
3.626 690	5.900 342	2.911 443	1.316 596	1.564 615	1.652 134	1.115 654	1.142 850

我们通过因子探测研究各影响因子对二氧化碳空间分布影响的解释力，如表 4.23 所示，影响排序依次为：IS>RD>GYvari>GYspeci>PGDP>Rain>Tem>NPP。对应的解释力 q 值分别为：0.544 075、0.314 477、0.127 814、0.109 764、0.059 712、0.035 155、0.032 016、0.031 982。其中 IS 因子、RD 因子、GYspeci 因子、GYvari 因子的解释力都通过了 0.01 显著水平检验。

表 4.23　2008 年各影响因子探测

变量	q 值	sig
NPP	0.031 982	0.384 0
Rain	0.035 155	0.226 0
Tem	0.032 016	0.128 0
IS	0.544 075	0.128 0
PGDP	0.059 712	0.071 6
RD	0.314 477	0.000 0
GYspeci	0.109 764	0.000 7
GYvari	0.127 814	0.000 1

我们通过交互探测分析因子交互对二氧化碳空间分布的影响特征（见表 4.24），发现 NPP 因子和 Tem 因子、Rain 因子和 Tem 因子、NPP 因子和 Rain 因子对二氧化碳空间分布的影响呈非线性减弱关系；Tem 因子和 GYspeci 因子、Tem 因子和人均地区 GDP、Tem 因子和 GYvari 因子、NPP 因子和 PGDP 因子、Tem 因子和真正科研投入因子对二氧化碳空间分布的影响呈单因子非线性减弱关系；Rain 因子和 PGDP 因子对二氧化碳空间分布的影响呈双因子增强关系；NPP 因子和 GYvari 因子、NPP 因子和 GYvari 因子、GYspeci 因子和 GYvari 因子、Rain 因子和 GYspeci 因子、Tem 因子和 IS 因子、Rain 因子和 GYvari 因子、NPP 因子和 RD 因子、PGDP 因子和 GYspeci 因子、Rain 因子和 RD 因子、PGDP 因子和 GYvari 因子、NPP 因子和 IS 因子、PGDP 因子和 RD 因子、Rain 因子和 IS 因子、IS 因子和 PGDP 因子、RD 因子和 GYspeci 因子、RD 因子和 GYvari 因子、IS 因子和 RD 因子、IS 因子和 GYspeci 因子、IS 因子和

GYvari 因子等因子交互作用对二氧化碳空间分布的影响呈非线性增强关系。

表 4.24　2008 年影响因子交互探测

交互变量	C=AB	A+B	C-(A+B)		关系
NPP Tem	0.146 7	0.676 246	-0.529 55	q(X1∩X2)<min[q(X1)、q(X2)]	非线性减弱关系
Rain Tem	0.143 8	0.598 006	-0.454 21		
NPP Rain	0.166 4	0.435 586	-0.269 19		
Tem GYspeci	0.232 5	0.454 973	-0.222 47	min[q(X1)、q(X2)]<q(X1∩X2)<max[q(X1)、q(X2)]	单因子非线性减弱关系
Tem PGDP	0.337 7	0.553 767	-0.216 07		
Tem GYvari	0.244 9	0.451 804	-0.206 90		
NPP PGDP	0.213 0	0.391 347	-0.178 35		
Tem RD	0.417 5	0.504 397	-0.086 90		
Rain PGDP	0.218 7	0.313 107	-0.094 410	q(X1∩X2)>max[q(X1)、q(X2)]	双因子增强关系
NPP GYspeci	0.319 9	0.292 553	0.027 347	q(X1∩X2)>q(X1)+q(X2)	非线性增强关系
NPP GYvari	0.335 3	0.289 384	0.045 916		
GYspeci GYvari	0.126 5	0.068 111	0.058 389		
Rain GYspeci	0.279 4	0.214 313	0.065 087		
Tem IS	0.571 9	0.499 520	0.072 380		
Rain GYvari	0.309 5	0.211 144	0.098 356		
NPP RD	0.452 0	0.341 977	0.110 023		
PGDP GYspeci	0.328 5	0.170 074	0.158 426		
Rain RD	0.444 1	0.263 737	0.180 363		
PGDP GYvari	0.370 8	0.166 905	0.203 895		
NPP IS	0.597 7	0.337 100	0.260 600		
PGDP RD	0.499 9	0.219 498	0.280 402		
Rain IS	0.588 7	0.258 860	0.329 840		
IS PGDP	0.602 8	0.214 621	0.388 179		
RD GYspeci	0.548 6	0.120 704	0.427 896		
RD GYvari	0.551 3	0.117 535	0.433 765		
IS RD	0.610 8	0.165 251	0.445 549		
IS GYspeci	0.637 8	0.115 827	0.521 973		
IS GYvari	0.638 5	0.112 658	0.525 842		

我们通过生态探测分析各影响因子对二氧化碳空间分布影响的差异性特征（见表 4.25），从表中可以看出 Rain 因子和 NPP 因子、Tem 因子和 NPP 因子、Tem 因子和 Rain 因子、GYspeci 因子和 GYvari 因子对二氧化碳空间分布的影响无显著差异，其他因子对二氧化碳空间分布的影响存在显著差异。

表 4.25　各影响因子生态探测

变量	NPP	Rain	Tem	IS	PGDP	RD	GYspeci
Rain	N						
Tem	N	N					
IS	Y	Y	Y				
PGDP	Y	Y	Y	Y			
RD	Y	Y	Y	Y	Y		
GYspeci	Y	Y	Y	Y	Y	Y	
GYvari	Y	Y	Y	Y	Y	Y	N

4.3.3　2013 年各因子对二氧化碳空间分布的影响特征

我们通过计算各个影响因子的共线值 VIF（见表 4.26），发现最高值为 Rain 因子，其次是 NPP 因子，其他因子 VIF 值都小于 2，根据共线性问题经验，VIF 值大于 10 即为具有共线性。因此，本次所选取的因子都无明显共线性问题。

表 4.26　各影响因子 VIF 值

NPP	Rain	Tem	IS	PGDP	RD	GYspeci	GYvari
3.878 022	5.026 619	1.969 29	1.384 341	1.401 441	1.427 744	1.223 400	1.413 668

我们通过因子探测分析各影响因子对二氧化碳空间分布的解释力特征（见表 4.27），计算得出各个影响因子解释力排序依次为：IS>RD>PGDP>GYvari>GYspeci>NPP>Tem>Rain。各因子对应的解释力 q 值分别为：0.466 637、0.297 872、0.095 982、0.078 98、0.054 714、0.051 184、0.037 117、0.032 343。其中 IS 因子、RD 因子通过 0.01 显著水平检验，PGDP、GYvari 因子通过 0.05 显著水平检验，其他因子都没有通过 0.1 显著水平检验。

表 4.27　各影响因子探测

变量	q 值	sig
NPP	0.051 184	0.140 0
Rain	0.032 343	0.464 0
Tem	0.037 117	0.402 0

表4.27（续）

变量	q 值	sig
IS	0.466 637	0.000 0
PGDP	0.095 982	0.010 1
RD	0.297 872	0.000 0
GYspeci	0.054 714	0.103 0
GYvari	0.078 98	0.014 0

我们根据交互探测分析各影响因子交互作用对二氧化碳空间分布的影响特征（见表4.28），NPP因子和Tem因子、Rain因子和Tem因子、NPP因子和Rain因子等相互作用对二氧化碳空间分布的影响呈非线性减弱关系；Tem因子和PGDP因子、Tem因子和GYvari因子、Tem因子和GYspeci因子、Tem因子和RD因子、NPP因子和PGDP因子等因子交互作用对二氧化碳空间分布的影响呈单因子非线性减弱关系；Tem因子和IS因子、Rain因子和PGDP因子等因子交互作用对二氧化碳空间分布的影响呈双因子增强关系；NPP因子和GYvari因子、GYspeci因子和GYvari因子、NPP因子和GYspeci因子、Rain因子和GYvari因子、Rain因子和GYspeci因子、NPP因子和RD因子、人均地区GDP因子和GYvari因子、Rain因子和RD因子、人均地区GDP因子和GYspeci因子、NPP因子和IS因子、人均地区GDP因子和RD因子、Rain因子和IS因子、IS因子和人均地区GDP因子、RD因子和GYvari因子、RD因子和GYspeci因子、IS因子和GYvari因子、IS因子和RD因子、IS因子和GYspeci因子等交互作用对二氧化碳空间分布的影响呈非线性增强作用。

表4.28 各影响因子交互探测

交互变量	C=AB	A+B	C-（A+B）	比较	关系
NPP Tem	0.155 8	0.676 246	-0.520 45	q(X1∩X2)<min[q(X1) q(X2)]	非线性减弱关系
Rain Tem	0.114 4	0.598 006	-0.483 61		
NPP Rain	0.134 3	0.435 586	-0.301 29		
Tem PGDP	0.161 3	0.553 767	-0.392 47	min[q(X1)、q(X2)]<q(X1∩X2)<max[q(X1)、q(X2)]	单因子非线性减弱关系
Tem GYvari	0.181 4	0.451 804	-0.270 40		
Tem GYspeci	0.198 3	0.454 973	-0.256 67		
Tem RD	0.310 2	0.504 397	-0.194 20		
NPP PGDP	0.214 3	0.391 347	-0.177 05		

表4.28(续)

交互变量	C=AB	A+B	C-（A+B）	比较	关系
Tem IS	0.431 4	0.499 520	-0.068 12	q(X1∩X2)>max[q(X1)、q(X2)]	双因子增强关系
Rain PGDP	0.301 0	0.313 107	-0.012 11		
NPP GYvari	0.296 6	0.289 384	0.007 216	q(X1∩X2)>q(X1)+q(X2)	非线性增强关系
GYspeci GYvari	0.084 1	0.068 111	0.015 989		
NPP GYspeci	0.309 5	0.292 553	0.016 947		
Rain GYvari	0.267 1	0.211 144	0.055 956		
Rain GYspeci	0.272 8	0.214 313	0.058 487		
NPP RD	0.404 2	0.341 977	0.062 223		
PGDP GYvari	0.230 6	0.166 905	0.063 695		
Rain RD	0.334 8	0.263 737	0.071 063		
PGDP GYspeci	0.299 7	0.170 074	0.129 626		
NPP IS	0.491 1	0.337 100	0.154 000		
PGDP RD	0.376 3	0.219 498	0.156 802		
Rain IS	0.505 9	0.258 860	0.247 040		
IS PGDP	0.469 7	0.214 621	0.255 079		
RD GYvari	0.424 4	0.117 535	0.306 865		
RD GYspeci	0.471 7	0.120 704	0.350 996		
IS GYvari	0.541 0	0.112 658	0.428 342		
IS RD	0.599 9	0.165 251	0.434 649		
IS GYspeci	0.555 3	0.115 827	0.439 473		

我们通过生态探测分析各影响因子对二氧化碳空间分布的影响特征（见表4.29），Tem因子和Rain因子、GYspeci因子和NPP因子对二氧化碳空间分布的影响无明显差异，其他因子对二氧化碳空间分布的影响存在显著差异。

表4.29 各影响因子生态探测

变量	NPP	Rain	Tem	IS	PGDP	RD	GYspeci
Rain	Y						
Tem	Y	N					
IS	Y	Y	Y				
PGDP	Y	Y	Y	Y			

表4.29(续)

变量	NPP	Rain	Tem	IS	PGDP	RD	GYspeci
RD	Y	Y	Y	Y	Y		
GYspeci	N	Y	Y	Y	Y	Y	
GYvari	Y	Y	Y	Y	Y	Y	Y

4.3.4 2016年各因子对二氧化碳空间分布的影响特征

我们通过计算各影响因子 VIF 值判断因子的共线性问题（见表 4.30），其中 VIF 值最高为 Rain 因子，约为 3.2，其次为 NPP 因子，约为 2.7，其他依次为 Tem>RD>GYvari>IS>PGDP>GYspeci。根据 VIF 值判断经验，大于 10 即可认为存在共线性问题。因此，本次所选取的各影响因子都无共线性问题。

表 4.30 各影响因子 VIF 值

NPP	Rain	Tem	IS	PGDP	RD	GYspeci	GYvari
2.676 984	3.142 211	2.360 943	1.396 286	1.362 912	1.477 157	1.289 769	1.414 692

我们通过因子探测分析各影响因子对二氧化碳空间分布的影响强度（见表 4.31），各影响因子解释力排序依次为：IS>RD>PGDP>NPP>GYspeci>Rain>Tem>GYvari。对应的解释力 q 值分别为：0.413 980、0.263 011、0.087 203、0.045 791、0.032 107、0.031 809、0.021 935、0.020 338。其中 IS 因子、PGDP 因子、RD 因子的解释力都通过了 0.01 显著水平检验。

表 4.31 影响因子探测

变量	q 值	sig
NPP	0.045 791	0.214 0
Rain	0.031 809	0.478 0
Tem	0.021 935	0.751 0
IS	0.413 980	0.000 0
PGDP	0.087 203	0.008 7
RD	0.263 011	0.000 0
GYspeci	0.032 107	0.494 0
GYvari	0.020 338	0.790 0

我们通过因子交互探测分析各影响因子交互作用对二氧化碳空间分布的影响特征（见表4.32），NPP 因子和 Tem 因子、Rain 因子和 Tem 因子、NPP 因子和 Rain 因子等因子交互作用对二氧化碳空间分布的影响呈非线性减弱关系；Tem 因子和 PGDP 因子、Tem 因子和 GYspeci 因子、Tem 因子和 GYvari 因子、NPP 因子和 PGDP 因子、Tem 因子和 RD 因子、NPP 因子和 GYspeci 因子、NPP 因子和 GYvari 因子等因子交互作用对二氧化碳空间分布的影响呈单因子非线性减弱关系；Rain 因子和 GYspeci 因子、Tem 因子和 IS 因子、NPP 因子和 RD 因子、PGDP 因子和 GYspeci 因子、Rain 因子和 RD 因子、人均地区 GDP 和 GYvari 因子、NPP 因子和 IS 因子、人均地区 GDP 和 RD 因子、RD 因子和 GYspeci 因子、RD 因子和 GYvari 因子、Rain 因子和 IS 因子、IS 因子和 PGDP 因子、IS 因子和 GYspeci 因子、IS 因子和 RD 因子、IS 因子和 GYvari 因子等因子交互作用对二氧化碳空间分布的影响呈非线性增强关系。

表 4.32　影响因子交互探测

交互变量	C=AB	A+B	C-(A+B)	C-A	C-B
NPP Tem	0.126 5	0.676 246	-0.549 75	q(X1∩X2) < min[q(X1)、q(X2)]	非线性减弱关系
Rain Tem	0.107 7	0.598 006	-0.490 31		
NPP Rain	0.140 0	0.435 586	-0.295 59		
Tem PGDP	0.262 5	0.553 767	-0.291 27	min[q(X1)、q(X2)] < q(X1∩X2) < max[q(X1)、q(X2)]	单因子非线性减弱关系
Tem GYspeci	0.168 0	0.454 973	-0.286 97		
Tem GYvari	0.182 7	0.451 804	-0.269 10		
NPP PGDP	0.236 3	0.391 347	-0.155 05		
Tem RD	0.372 0	0.504 397	-0.132 40		
NPP GYspeci	0.193 9	0.292 553	-0.098 65		
NPP GYvari	0.199 9	0.289 384	-0.089 48		
Rain PGDP	0.275 2	0.313 107	-0.037 91	q(X1∩X2) > max[q(X1)、q(X2)]	双因子增强关系
GYspeci GYvari	0.043 8	0.068 111	-0.024 31		
Rain GYspeci	0.212 7	0.214 313	-0.001 61		

表4.32(续)

交互变量	C=AB	A+B	C-(A+B)	C-A	C-B
Rain GYvari	0.225 9	0.211 144	0.014 756	q(X1∩X2)>q(X1)+q(X2)	非线性增强关系
Tem IS	0.514 3	0.499 520	0.014 780		
NPP RD	0.406 4	0.341 977	0.064 423		
PGDP GYspeci	0.251 1	0.170 074	0.081 026		
Rain RD	0.401 1	0.263 737	0.137 363		
PGDP GYvari	0.306 3	0.166 905	0.139 395		
NPP IS	0.520 0	0.337 100	0.182 900		
PGDP RD	0.420 8	0.219 498	0.201 302		
RD GYspeci	0.336 9	0.120 704	0.216 196		
RD GYvari	0.338 3	0.117 535	0.220 765		
Rain IS	0.497 7	0.258 860	0.238 840		
IS PGDP	0.513 5	0.214 621	0.298 879		
IS GYspeci	0.452 6	0.115 827	0.336 773		
IS RD	0.528 4	0.165 251	0.363 149		
IS GYvari	0.520 1	0.112 658	0.407 442		

我们通过生态探测分析各影响因子对二氧化碳空间分布的影响是否存在显著差异（见表4.33），发现大部分因子对二氧化碳空间分布的影响呈显著差异，只有GYspeci因子和Rain因子对二氧化碳空间分布的影响无显著差异。

表4.33　影响因子生态探测

变量	NPP	Rain	Tem	IS	PGDP	RD	GYspeci
Rain	Y						
Tem	Y	Y					
IS	Y	Y	Y				
PGDP	Y	Y	Y	Y			
RD	Y	Y	Y	Y	Y		
GYspeci	Y	N	Y	Y	Y	Y	
GYvari	Y	Y	N	Y	Y	Y	Y

5 工业集聚对碳减排与环境治理的影响

根据中国环境监测总站发布的雾霾（PM2.5）污染浓度和国际能源署（IEA）发布的二氧化碳排放量的最新结果，2018年中国城市发布重度雾霾污染预警的城市多达82个，碳排放量从2017年起又开始出现上升态势。与此同时，随着2006年中国大规模设立各级开发区，工业集聚在中国逐渐成为一种最具经济活力的空间组织形态，不仅是各地区获得竞争优势的主要领域，也逐渐成为影响生态环境可持续发展的重要因素。工业集聚发展对环境质量的影响及其作用机理是国家和地方政府在进行产业布局、产业转型升级决策时的重要依据。对工业集聚的环境外部性的讨论也一直备受国内外学者关注。一部分学者如王兵和聂欣、朱英明认为工业集聚将不可避免地使污染排放逐步逼近环境承载的极限，成为加剧生态环境压力的重要因素之一。还有一部分学者如Wang、Wheeler、Brownstone、Golob以及Glaeser、Kahn提出工业集聚通过规模效应助推了中国工业经济高速发展，降低了集聚区域内部的交易费用，为经济的绿色低碳转型发展提供了重要抓手，对于经济的高质量发展和可持续发展发挥着重要推力的作用。

与此同时，中国正处于工业的绿色转型的攻坚期。根据《中国绿色专利统计报告（2014—2017年）》，2017年中国绿色发明专利申请量达24.9万件，年均增速为3.7个百分点，高于中国发明专利申请的增速。虽然绿色技术进步加快了转型升级，促使工业向绿色低碳发展方式转变，但污染治理成效仍与公众的要求有较大距离。那么，工业集聚是否降低了中国碳排放量、雾霾污染浓度和工业“三废”污染程度？工业集聚能否通过绿色技术进步对环境污染物进行协同治理？在阐述有关产业集聚、技术进步和环境污染的文献中，较多学者肯定了技术进步在工业集聚的环境效应中的贡献，如龚健健和沈可挺（2014）提出工业集聚可望以其自身的组织优势促进绿色技术进步，从而有效地遏制环境污染。Moriki Hosoe et al.（2013）提出产业集聚通过绿色技术创新来提高环境质量，实现减排目标。原毅军和谢荣辉（2016）基于波特假说，提出技术创新主要通过激发企业“创新补偿”效应来提高环境质量和提升企业的竞争力，故研究集聚的环境效应时，将技术创新割裂开来是不够系统和完整的，这三者之间是具有关联效应的。杨仁发（2013）采用门槛效应模型证实了产业集聚通过外商直接投资和科技创新提高了环境质量，而且集聚的环境效应是具有阶段性特征的。因此，在工业集聚区域内实施合理高效的环境治理政策，充分利用绿色技术创新，发挥环境协同治理的作用，是中国经济实现高质量发展的重要工具和抓手。

工业集聚对环境质量的影响一直备受学者关注，从绿色技术进步的视角来研究环境问题是理解工业集聚与环境协调均衡发展的有效途径。但是系统地分析工业集聚、绿色技术进步和环境质量之间关系的文献仍较少。第一，现有文献较多关注工业集聚中整体技术创新对环境质量的影响，较少研究绿色技术进步对工业集聚污染环境的传导机制的影响以及对不同污染物的偏向性影响。本研究从工业的专业化集聚和多样化集聚的角度考察了工业集聚对不同环境指标的影响及其传导机制，并挖掘了其共性以及差异性特征。第二，现有文献受数据可得性的影响，大部分的研究样本局限在省级或行业面板数据上，为了更真实地刻画大气污染程度和治理力度的全貌以及工业集聚中绿色技术进步水平对不同环境污染物偏向性的影响，本研究采用了地级市层面中工业“三废”、雾霾污染和碳排放的数据。第三，现有文献对工业集聚与绿色技术进步对环境质量的作用因两者在发展规模和速率等方面不匹配而存在的门槛效应关注较少，故本研究采用门槛效应模型从工业集聚发展不同阶段的角度揭示了绿色技术进步对环境质量（工业“三废”、雾霾污染和碳排放）的门槛效应，为工业集聚的发展以及环境的协同治理路径选择和政策设计提供了科学依据。

5.1 影响机理分析

本研究从理论上分析工业集聚、绿色技术进步对环境影响的内在机理，并在此机理上提出相关的假说。图 5.1 解释了工业集聚、绿色技术进步和环境质量的逻辑关系。

较多学者如 Porter（1990）、Ellison（2010）、Glaeser（1992）和 Kerr（2014）认同工业集聚的外部性是促进生产率提高的主要动力这一观点。同时也有学者如 Keeble、Nacham、朱英明、陆铭和冯皓（2014）提出知识、技术溢出是集聚外部性发生作用的重要因素，是提高生产效率的重要渠道。这一观点得到较多学者如沈能、王群伟和赵增耀等（2014）的证实。他们从工业集聚的角度出发，发现知识和技术溢出的方式使工业集聚更有利于绿色技术的扩散和应用，从而促进绿色技术进步，并使环境状况得到改善。Moriki Hosoe et al.、原毅军和谢荣辉（2016）认为技术创新主要通过激发企业“创新补偿”效应来提高环境质量和提升企业的竞争力，所以产业集聚、技术进步和环境保护是不可分割的整体系统。故研究集聚的环境效应时，将技术创新割裂开来分析和研究是不够系统和完整的，这三者之间是具有关联效应的，并且绿色技术进步应是工业集聚与环境污染物之间的传导桥梁。

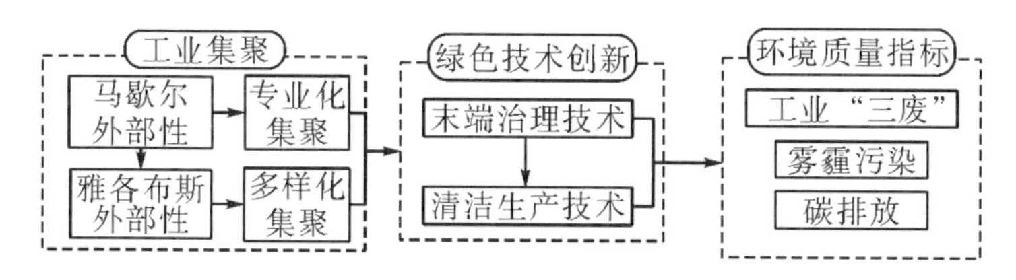

图 5.1　工业集聚、绿色技术进步与环境质量的理论框架

假设 1：绿色技术进步在工业集聚对环境质量（工业“三废”、碳排放和雾霾污染）发生影响的过程中存在中介效应。

周圣强、朱卫平（2013）认为工业集聚拥挤效应的负外部性主要通过三种途径进行弱化：第一是在集聚区域内增加相对稀缺要素；第二是减少相对冗余要素；第三就是改变技术要素的投入比例。技术要素的投入并不是越多越好，其投入比例需要经过科学考察和验证。准确把握工业集聚区域内绿色技术投入程度，将有利于工业集聚在带来经济外部性的同时还具有缓解环境压力的作用。沈能（2014）认为在集聚的初级阶段，专业化集聚将对企业的技术创新产生积极正面的促进作用；当集聚达到成熟阶段时，多样化集聚将更有力地促进企业创新。在工业集聚的第一个阶段，同一行业间知识溢出和垄断市场结构更有利于区域创新产出，资源得到有效利用，环境质量提高；当专业化集聚跨过阈值之后，非移动生产要素价格提高，技术回弹效应增加，环境质量下降。Duranton 和 Puga（2004）提出，由于多样化集聚能够为初生企业提供较多的技术选择机会并且金融、科研和公共管理为初生企业提供了全方位的哺育，使初生企业或者幼稚产业能够通过小规模且低成本的生产实践找到适合自己的发展模式与路径。当企业技术成熟后，将会重新选择区位，搬迁到地租成本和劳动力成本更为低廉的专业化城市中。在多样化集聚的第一阶段，多样化集聚通过多个行业共享治污技术的方式使治污成本大大降低，刺激了绿色技术的快速进步，从而减少环境污染。在多样化集聚的第二个阶段，Wang（2013）提出“市场区观点”，认为当多样性集聚区的拥挤效应所产生的成本高于多样性集聚的收益时，人力资本、技术等移动性的生产要素会从多样化集聚区流入专业化集聚区。多样化集聚发生过度集聚时，拥挤效应迅速膨胀，绿色技术进步将减缓，多样化集聚的正效应衰弱和减退，环境质量下降。故我们提出假设2：在工业专业化集聚和多样化集聚达到阈值之前，集聚区域内绿色技术进步加速有利于环境质量的提高；在工业专业化和多样化集聚达到阈值之后，集聚区域内绿色技术进步减缓，将不利于环境质量的提高。

5.2 模型构建与数据说明

5.2.1 模型构建

5.2.1.1 基准模型

本研究基于2003—2016年中国281个地级市面板数据来实证甄别工业集聚对工业“三废”、雾霾污染和二氧化碳的影响。本研究构建如下实证模型：

$$\mathrm{LnEnv}_{it} = \alpha_0 + \alpha_1 \mathrm{Mar}_{it} + \alpha_2 \ln X + u_i + b_t + \varepsilon_{it} \tag{5.1}$$

$$\mathrm{LnEnv}_{it} = \alpha_3 + \alpha_4 \mathrm{Jac}_{it} + \alpha_5 \ln X + u_i + b_t + \varepsilon_{it} \tag{5.2}$$

式中，Env_{it} 为城市 i 在 t 年的环境指标，将分别指代二氧化碳排放量（CO_2）、雾霾污染（PM2.5）浓度和工业“三废”污染程度，其系数 α_1 和 α_4 分别度量了工业专业化集聚和多样化集聚对二氧化碳排放量（CO_2）、雾霾污染（PM2.5）浓度和工业“三废”的影响程度；Mar_{it} 表示城市 i 在 t 年的工业的专业化集聚程度；Jac_{it} 表示城市 i 在 t 年的工业的多样化集聚程度；X 为控制变量的集合，包括经济增长水平、环境规制、政府研发投入、第二产业比重、年均气温和降水量。此外，本研究还控制了地区和时间效应，以进一步地缓解遗漏变量偏误的影响。其中，u_i 为省份效应，b_t 为时间效应。最后，ε_{it} 是误差项。

5.2.1.2 中介效应模型

中介效应模型可以分析变量之间互相影响的过程和机制，为了检验绿色技术进步是否为工业专业化和多样化集聚对环境质量影响的传导渠道，本研究建立六个观测方程来分析工业集聚对环境质量影响的中介效应：

$$\mathrm{LnEnv}_t = \beta_0 + s_1 \times \mathrm{LnGTech}_t + s_2 \times \mathrm{Ln}\,Mar_{it} + s_3 \times \ln X + \partial_i + \theta_t + \varepsilon_t \tag{5.3}$$

$$\mathrm{LnEnv}_t = \beta_1 + s_4 \times \mathrm{LnGTech}_t + s_5 \times \mathrm{Ln}\,Jac_{it} + s_6 \times \mathrm{lnX} + \partial_i + \theta_t + \varepsilon_t \quad (5.4)$$

$$\mathrm{LnEnv}_t = \beta_2 + s_7 \times \mathrm{Ln}\,Mar_{it} + s_8 \times \mathrm{lnX} + \partial_i + \theta_t + \varepsilon_t \quad (5.5)$$

$$\mathrm{LnEnv}_t = \beta_3 + s_9 \times \mathrm{Ln}\,Jac_{it} + s_{10} \times \mathrm{lnX} + \partial_i + \theta_t + \varepsilon_t \quad (5.6)$$

$$\mathrm{LnGTech}_t = \beta_4 + s_{11} \times \mathrm{Ln}\,Mar_{it} + s_{12} \times \mathrm{lnX} + \partial_i + \theta_t + \varepsilon_t \quad (5.7)$$

$$\mathrm{LnGTech}_t = \beta_5 + s_{13} \times \mathrm{Ln}\,Jac_{it} + s_{14} \times \mathrm{lnX} + \partial_i + \theta_t + \varepsilon_t \quad (5.8)$$

式中，Env_t 为 t 年的环境指标，将分别指代二氧化碳排放量（CO_2）、雾霾污染（PM2.5）浓度和工业“三废”。$\mathrm{Ln}\,Mar_{it}$ 为工业的专业化集聚指标，$\mathrm{Ln}\,Jac_{it}$ 为工业多样化集聚指标，$\mathrm{LnGTech}_t$ 为中介变量绿色技术进步水平。s_i 为解释变量对被解释变量影响的可变系数。X 为控制变量的集合，包括经济增长水平、环境规制、政府研发投入、第二产业比重、年均气温和降水量。此外，本研究在中介效应的观测方程中还控制了地区和时间效应，以进一步地缓解遗漏变量偏误的影响。其中，∂_i 为省份效应，θ_t 为时间效应。最后，ε_{it} 是误差项。

5.2.1.3 门槛效应模型

沈能、于斌斌（2019）认为工业集聚对环境污染的影响可能分别存在非线性的波动式上升趋势或者集聚的马歇尔和雅各布斯外部性的实现中会存在临界值，集聚的外部性在临界值的前后会在方向和速率等方面发生变化。而门槛效应模型可以通过样本数据特点来搜索内生性临界值，并进行显著性和真实性检验，避免了主观分组及交叉项估算的偏差性。因此，本研究在 Hansen 的门槛模型基础上，分别以工业专业化集聚和多样化集聚程度为门槛变量，对工业集聚对二氧化碳排放量、雾霾污染浓度和工业“三废”是否存在门槛效应进行检验。根据研究主题，本研究设定计量模型如下：

$$\mathrm{LnEnv}_{it} = \beta_1\, lngreentech_{it} + \beta_2 X_{it} + \beta_3 \mathrm{Mar}_{it} \times I(thr < \gamma) + \beta_4 \mathrm{Mar}_{it} \times I(thr \geq \gamma) + + \varepsilon_{it} \quad (5.9)$$

$$\mathrm{LnEnv}_{it} = \beta_5\, lngreentech_{it} + \beta_6 X_{it} + \beta_7 \mathrm{Jac}_{it} \times I(thr < \gamma) + \beta_8 \mathrm{Jac}_{it} \times I(thr \geq \gamma) + \varepsilon_{it} \quad (5.10)$$

在式（5.9）和式（5.10）中，i 为个体，t 为时期。其中，$I(.)$ 为门槛示性函数，thr 表示门槛变量，γ 为具体的门槛估计值。当 $thr < \gamma$ 时，$I(.)=0$；当 $thr > \gamma$ 时，$I(.)=1$。本研究设定的门槛变量为工业集聚的专业化（Mar）和多样化程度（Jac）。$lngreentech_{it}$ 为绿色技术进步水平，X 为控制变量的集合，包括经济增长水平、环境规制、政府研发投入、第二产业比重、年均气温和降水量。最后，ε_{it} 是误差项。

5.2.2 数据说明

5.2.2.1 工业集聚数据

本研究从三种角度测算工业集聚：①测算工业集聚的马歇尔外部性，即专业化集聚。②测算工业集聚的雅各布斯外部性，即多样化集聚。③测算工业集聚的区位熵。

（1）专业化集聚（GYspeci）。Marshall（马歇尔）认为中间投入品共享、劳动力市场共享、知识外溢是集聚产生的三个源泉，这些因素极大地推动了专业化分工，所以通常把由专业化集聚带来的外部性称为马歇尔外部性。该指标构建方法参考了韩峰和谢锐的研究，即：

$$Mar_i = \sum_j \left| \frac{S_{ij}}{S_i} - \frac{S'_j}{S'_i} \right| \tag{5.11}$$

式（5.11）中，S_{ij} 代表 i 城市 j 产业的就业人数，S_i 为 i 城市总就业人数，S'_j 表示除 i 城市外的 j 产业的就业人数，S' 为除 i 城市外的全国总就业人数。

（2）多样化集聚（GYvari）。Jacobs（雅各布斯）认为产业多样化集聚带来的服务和基础设施等中间投入品共享，使不同制造业行业通过提高劳动力市场效率来降低交易成本，可以很好地发挥上下游产业链间的关联效应。根据 Ezcurra et al. 的研究，即：

$$Jac_i = 1/\sum_j |S_{ij} - S_j| \tag{5.12}$$

式（5.12）中，S_{ij} 代表 i 城市 j 产业的就业人数，S_j 代表 j 行业的就业人数。

（3）区位熵（Agg）。采用区位熵衡量整体工业集聚，不仅可以消除区域在规模上的异质性因素，还能体现地理分布上的异质性。本研究的工业集聚的区位熵计算公式为：

$$LnAgg_{it} = (C_{it}/C_t)/(P_t/P) \tag{5.13}$$

式（5.13）中，Agg_{it} 为地区 i 在 t 行业的集聚指数，C_{it} 为地区 i 在 t 行业的就业人员数。C_t 为该区域全部行业就业人员数。P_t 为全国 t 行业就业人员数，P 为全国所有行业就业人员数。为了更直观地理解工业集聚的空间分布和时间变化趋势，本研究分别分析了中国工业专业化集聚、多样化集聚的冷热点空间分布。关于工业集聚专业化与多样化，本研究通过 GIS 的空间信息采集与空间分析技术得出工业集聚的专业化和多样化空间数据分布，在此基础上计算 G 指数得到工业集聚的专业化和多样化的冷热点空间分布。从附表 6 可以看出，工业专业化集聚正逐渐走向成熟阶段，并且从中国珠三角地区、东北地区逐渐向中国中部地区集中。工业多样化集聚虽然仍处于萌芽阶段，但近年来中国工业多样化程度逐步深化，目前则主要集中在中国南方沿海城市。

5.2.2.2　环境数据

（1）雾霾污染数据（PM2.5）。地级市的雾霾数据的获得是本研究开展实证研究的基础，本研究采用的是哥伦比亚社会经济数据和应用中心的卫星和地面监测数据，并将此格栅数据与各地级市的地理位置进行精确的经纬度匹配，再利用空间信息采集技术得到2003—2016年中国281个地级市的PM2.5浓度数据，为工业集聚对环境质量的影响及其机制研究在地级市层面提供了可靠的基础数据。从附表2可以看出，2003年中国雾霾污染较为严重的地区主要集中在东部沿海地区和中部内陆地区，但2016年的雾霾污染面积开始出现缩小趋势，并且出现逐渐向新疆、西藏等西部地区深入的趋势。

（2）碳排放数据（CO_2）。由于中国没有地级市二氧化碳排放量的直接统计数据，因而需要借助其他的技术手段来获取。参照Elvidge的方法，基于DMSP/OLS夜间灯光数据和地级市能源消费数据之间的定量关系，我们利用GIS建立最终模型反演结果空间化，得到中国281个地级市平均能源消费量，然后通过碳排放折算系数推算出2003—2013年281个地级市的碳排放量数据。从附表5可以看出，中国二氧化碳高排放地区主要从京津冀、长三角和珠三角区域转变为京津冀和长三角连为一体，整体碳排放面积逐年扩大。

（3）工业“三废”（Pollution）。本研究构建了工业“三废”的综合指数，具体选取工业废水、工业废气和工业烟（粉）尘排放量，然后再采用熵权法计算得到表征工业“三废”的综合指标。原始数据源于《中国城市统计年鉴》各年版。从附表7可以看出，中国工业“三废”的总体减缓趋势较为明显，从以京津冀为核心的污染区逐渐转变为以胶东半岛为核心的污染区。总体来看，中国胶东半岛地区的工业“三废”、雾霾污染和碳排放是全国污染程度最高的地区。在99%置信水平上的热点范围中，首先在全国层面，雾霾污染范围最广，但雾霾污染范围在逐渐缩小；其次是二氧化碳污染，但其污染范围在逐年扩大。最后是工业“三废”污染水平，通过工业“三废”的冷热点空间分布特征，可以看出2003—2016年，工业“三废”污染在全国范围内大幅降少，减排成绩显著。

结合工业专业化和工业多样化集聚冷热点空间分布图，我们发现工业专业化程度高的地区与碳排放、雾霾污染、工业“三废”的热点地区有较大面积的重合，而工业多样化集聚程度较高的地区与碳排放和雾霾污染的冷点地区有较大面积的重合。所以我们初步推断工业专业化与多样化集聚程度与我国碳排放、雾霾污染和工业“三废”可能具有较强的相关性。接下来，我们将进一步通过实证检验工业集聚的专业化和多样化是否对我国碳排放、雾霾污染和工业“三废”具有显著的影响。

5.2.2.3　绿色技术进步（Gtech）

本研究选择采用以数据包络分析（DEA）为主的参数方法，先测算中国各城市绿色全要素生产率变化 Malmquist 指数，再将全要素生产变化分解为绿色技术效率变化（Effect）与绿色技术进步变化（Tech）。

DEA 模型通过保持决策单元的输入或输出不变，确定相对有效的生产前沿面，将决策单元投影到 DEA 生产前沿面上，通过衡量决策单元偏离 DEA 前沿面的程度来测度其相对有效性。其基本模型是由查恩斯（Charnes）、库珀（Cooper）和罗兹（Rhodes）于 1978 年提出的 CCR 模型，该模型假设规模收益不变，用于评价决策单元技术的总体有效性。1984 年，班克（Banker）、查恩斯和库珀将 CCR 模型修正为 BCC 模型，基于可变的规模收益计算决策单元的纯技术效率。我们利用 CCR 和 BCC 模型可以判定决策单元是否 DEA 有效。

具有非阿基米德无穷小量 ε 的 CCR 模型为：

$$\min\left[\theta-\varepsilon\left(\sum_{j=1}^{m}S^{-}+\sum_{j=1}^{r}s^{+}\right)\right]$$

$$s.\ t.\begin{cases}\sum_{j=1}^{n}x_j\lambda_j+s^{-}=\theta x_0\\ \sum_{j=1}^{n}y_j\lambda_j-s^{+}=y_0\\ \lambda_j\geqslant 0\\ s^{+}\geqslant 0,\ s^{-}\geqslant 0\end{cases}\tag{5.14}$$

具有非阿基米德无穷小量 ε 的 BCC 模型为：

$$\min\left[\theta-\varepsilon\left(\sum_{j=1}^{m}S^{-}+\sum_{j=1}^{r}s^{+}\right)\right]$$

$$s.\ t.\begin{cases}\sum_{j=1}^{n}x_j\lambda_j+s^{-}=\theta x_0\\ \sum_{j=1}^{n}y_j\lambda_j-s^{+}=y_0\\ \lambda_j\geqslant 0\\ s^{+}\geqslant 0,\ s^{-}\geqslant 0\\ \sum_{i=1}^{n}\lambda_i=1\end{cases}\tag{5.15}$$

当标准型线性规划的最优解 $\theta^{*}=1$，并且对每个最优解 λ^{*}、s^{*-}、s^{*+}都有

$s^{*-}=0$ 和 $s^{*+}=0$，则称决策单元为 DEA 有效；当 $\theta*=1$，并且 $s^{*-}\neq 0$ 或 $s^{*+}\neq 0$，则称决策单元为 DEA 弱有效；$\theta^{*}<1$，则称决策单元为非 DEA 有效。

Malmquist 指数，即全要素生产率指数（toal factor productivity，TFP）。它运用距离函数（distance function）来定义，是衡量单位生产活动在一定时间内总投入与总产量生产效率的指标，即总产量与全部要素投入量之比。从 t 时期到 $t+1$ 时期的 Malmquist 指数可以用两个时期的效率变化几何平均来定义，见式（5.16）。其中，(x^{t}, y^{t}) 和 (x^{t+1}, y^{t+1}) 分别表示第 t 时期的投入量和第 $t+1$时期的产出量，D^{t} 和 D^{t+1}分别表示上述时期的距离函数。

$$Malmquist(x^{t+1}, y^{t+1}, x^{t}, y^{t}) = \left|\frac{D^{t}(x^{t+1}, y^{t+1})}{D^{t}(x^{t}, y^{t})} \times \frac{D^{t+1}(x^{t+1}, y^{t+1})}{D^{t+1}(x^{t}, y^{t})}\right|^{1/2} \tag{5.16}$$

Malmquist 指数可以被进行不同形式的分解。雷（Ray）等人提出了 Malmquist 指数分解的模型，将指数分解为绿色技术效率变化（Effect）与绿色技术进步变化（Tech）两大因子，见下列公式：

$$Malmquist(x^{t+1}, y^{t+1}, x^{t}, y^{t}) = \frac{D^{t+1}(x^{t+1}, y^{t+1})}{D^{t}(x^{t}, y^{t})} \times \left[\frac{D^{t}(x^{t+1}, y^{t+1})}{D^{t+1}(x^{t+1}, y^{t+1})} \times \frac{D^{t+1}(x^{t+1}, y^{t+1})}{D^{t+1}(x^{t}, y^{t})}\right]^{1/2} \tag{5.17}$$

其中，$EC = \frac{D^{t+1}(x^{t+1}, y^{t+1})}{D^{t}(x^{t}, y^{t})}$，$TC = \left[\frac{D^{t}(x^{t+1}, y^{t+1})}{D^{t+1}(x^{t+1}, y^{t+1})} \times \frac{D^{t}(x^{t}, y^{t})}{D^{t+1}(x^{t}, y^{t})}\right]^{1/2}$，$TC^{t} = \frac{D^{t}(x^{t}, y^{t})}{D^{t+1}(x^{t}, y^{t})}$，$TC^{t+1} = \frac{D^{t}(x^{t+1}, y^{t+1})}{D^{t+1}(x^{t+1}, y^{t+1})}$

绿色全要素生产率概念在发生非期望产出时综合考虑了环境污染物，克服了在测算传统全要素生产率时忽略环境问题的缺点。在测算过程中，本研究将地区生产总值（GDP）作为期望产出，将工业“三废”作为非期望产出，将劳动力投入、资本存量和能源投入作为投入要素。其中劳动力投入指标采用的是城市就业人口数。能源投入指标采用的是全社会用电量。资本投入指标采用的是城市资本存量。城市资本存量借鉴张军的固定资产投资价格指数进行平减固定资本形成总额来衡量，以 2003 年的资本存量为初期值，各城市的折旧率均为 9.6%。通过绿色全要素生产率（GTFP）的 Malmquist 累积增长趋势图（见图 5.2），我们发现 2004—2016 年，绿色全要素生产率变化的 Malmquist 指数整体呈现上升趋势，绿色技术进步变化的上升趋势较为陡峭，而绿色技术效率变化的上升趋势较为平缓，其中绿色技术进步率（TFP）是提升绿色全要素生产率的主要因素。

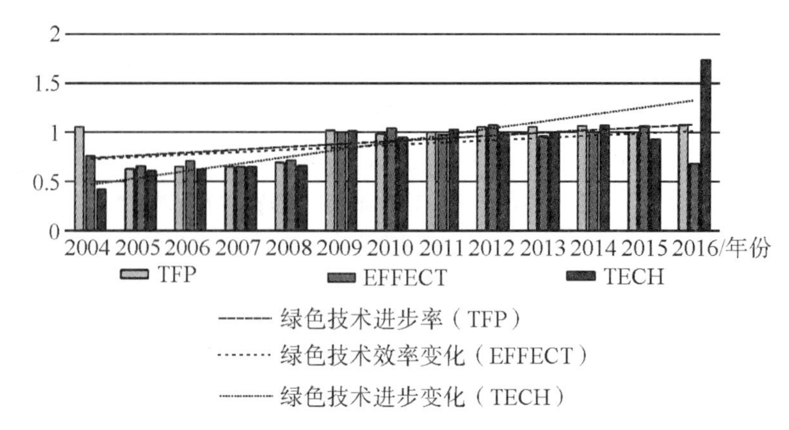

图 5.2　绿色全要素生产率的 Malmquist 累积增长指数控制变量

结合已有研究，本研究还在基准回归模型中控制了时间效应和个体效应，尽可能地缓解遗漏变量偏误的影响。其中这组控制变量包括：

（1）经济增长水平（PGDP），采用人均地区 GDP 来表示。本研究还加入了人均地区 GDP 的二次项，以解释经济增长水平与环境污染物之间可能存在的非线性关系。

（2）政府研发投入（RD），选取政府财政投入中科技支出（以 2003 年为基年进行平减）来表示，以刻画政府研发支持力度对工业“三废”、雾霾污染和二氧化碳排放量的影响。

（3）第二产业比重（IS），采用第二产业增加值占地区 GDP 的比重来表示，以控制产业结构对工业集聚和工业“三废”、雾霾污染和二氧化碳排放量的影响。

（4）环境规制（Reg），采用熵权法构建工业烟（粉）尘和二氧化硫的去除量的综合指标来表示环境规制强度，以刻画环境规制对环境污染物的影响。

（5）年均气温（Tem），选用城市的年平均气温来表示，以控制气温作为外在的气象条件对工业“三废”、雾霾污染和二氧化碳排放量的影响。

（6）降水量（Rain），采用城市的年平均降水量来表示，以控制降水量作为外在的气象条件对工业“三废”、雾霾污染和二氧化碳排放量的影响。

在上述控制变量数据中，除了年均气温和降水量外，均来自历年《中国城市统计年鉴》《中国能源统计年鉴》《中国固定资产投资统计年鉴》《中国人口和就业统计年鉴》。其中，年均气温和年降水量的源数据来自英国 TRMM 研究所（climatic research unit），在内部校准和数据整合的基础上对原始数据进行了矢量化处理，最终得到 2003—2016 年各地级市的年均气温和降水量值。

5.3 结果分析

5.3.1 基准回归

表5.1分别报告了工业多样化集聚（GYvari）和专业化集聚（GYspeci）对碳排放量、雾霾（PM2.5）污染和工业“三废”排放影响参数的估计结果。可以看出，工业集聚对碳排放和工业“三废”排放的影响是显著的，但是对雾霾污染的影响不显著。具体来看，工业的多样化集聚对减少碳排放和工业“三废”排放产生了积极作用，而工业的专业化集聚加剧了碳排放和工业“三废”排放。在表5.1中，工业多样化集聚对碳排放的影响在1%的水平上显著，表明工业多样化集聚规模每上升1个百分点，碳排放量减少1.01万吨；工业专业化集聚规模每上升1个百分点，碳排放量增加1.01吨。在第（5）列和第（6）列中，工业专业化集聚对工业“三废”排放的影响在1%的显著水平上显著，表明工业多样化集聚规模每上升1个百分点，碳排放量减少1.12吨；工业专业化集聚规模每上升1个百分点，碳排放量增加1.12万吨。在表5.1的回归模型中，大部分变量系数的估计结果无实质性差别，但仍然存在同一变量的系数符号或显著程度在不同模型中不一致的情形，如环境规制水平和科技投入等。

表5.1 工业的多样化集聚与环境污染物：基准回归

被解释变量	(1)	(2)	(3)	(4)	(5)	(6)
	二氧化碳		雾霾污染		工业“三废”	
GYvari	-0.010 7*** (0.003 5)	—	-0.005 5 (0.009 4)	—	-0.122** (0.055 1)	—
GYspeci	—	0.010 7*** (0.003 5)	—	0.004 4 (0.009 5)	—	—
Lnpgdp	-0.210 6*** (0.038)	-0.210 6*** (0.038)	0.175 5*** (0.059 3)	0.175 6*** (0.059 3)	0.620 7 (0.435 7)	0.620 6 (0.435 7)
$Lnpgdp^2$	0.017 6*** (0.001 9)	0.017 6*** (0.001 9)	-0.010 7*** (0.003)	-0.010 8 (0.003)	-0.029 1 (0.021 8)	-0.029 1 (0.021 8)
lnsecond	-0.041 6** (0.017 7)	-0.041 6** (0.017 7)	-0.029 2 (0.022 1)	-0.028 6 (0.022 1)	0.200 5 (0.142 6)	0.202 1 (0.142 5)

表5.1(续)

被解释变量	(1)	(2)	(3)	(4)	(5)	(6)
	二氧化碳		雾霾污染		工业“三废”	
lnregulation	0.005 7*** (0.001 4)	0.005 7*** (0.001 4)	-0.009 9*** (0.002 2)	-0.009 9*** (0.002 2)	0.063 4*** (0.015 4)	0.063 3 (0.015 4)
lntech	0.021*** (0.002 1)	0.021*** (0.002 1)	0.019 2*** (0.003 3)	0.019 2*** (0.003 3)	0.012 5 (0.022 6)	0.012 4 (0.022 6)
lntem	-0.048 7*** (0.011 9)	-0.048 7*** (0.011 9)	0.200 1*** (0.023 2)	0.200 1*** (0.023 2)	0.103 9 (0.084 5)	0.103 9 (0.084 6)
lnrain	0.019 5** (0.008 3)	0.019 5** (0.008 3)	-0.026 3** (0.013 1)	-0.026 4** (0.013 1)	-0.093 (0.072 4)	-0.093 4 (0.072 5)
时间效应	是	是	是	是	是	是
省份效应	是	是	是	是	是	是
F 值	101.13	101.13	191.67	191.71	6.17	6.18
R^2	0.796	0.796	0.314	0.315	0.065 3	0.065

注：***、** 和 * 分别表示在 1%、5% 和 10% 的显著水平上显著。括号内为标准差。下同。

5.3.2 稳健性分析

为进一步确保研究结论的可靠性，我们将分别从样本的稳健性、方法的稳健性和变量替换法的角度进一步佐证本研究的基本思想和上述结论，即证明工业的专业化集聚和多样化集聚的确对中国环境质量产生了不可忽视的影响，结论具有较强的稳健性（见表 5.2）。

在方法的稳健性方面，本研究采用两步系统动态 GMM 方法，这不仅可以将工业集聚与大气环境之间可能产生的逆向因果关系和可能遗漏重要解释变量而导致内生性问题考虑在内，而且还在选择合适的水平方程和差分方程的滞后期下，如果各检验结果均通过了 GMM 方法的估计要求，表明在稳健性检验中采用两步系统动态 GMM 方法具有可行性。通过两步系统动态 GMM 方法我们得到工业多样化和专业化集聚对环境污染物的影响关系，回归结果显示工业多样化集聚显著降低了碳排放量和工业“三废”排放量；工业专业化集聚则显著降低了碳排放量和工业“三废”排放量，可见稳健性检验结果依然与基准情形较为一致。

表 5.2 稳健性检验

被解释变量	二氧化碳		雾霾污染		工业“三废”	
	方法稳健性检验					
被解释变量滞后一期	0.359 9*** (0.020 1)	0.36*** (0.02)	0.446 6*** (0.014 3)	0.447 3*** (0.014 3)	0.301 4*** (0.017 9)	0.301 0*** (0.017 8)
GYvari	—	-0.010 8** (0.009)	—	0.010 2 (0.011 8)	—	-0.210 7** (0.052 6)
GYspeci	0.010 89** (0.009)	—	-0.008 2 (0.011 4)	—	0.272 2*** (0.052 7)	—
控制变量	是	是	是	是	是	是
常数项	是	是	是	是	是	是
时间效应	是	是	是	是	是	是
省份效应	是	是	是	是	是	是
AR(1)	-12.279 (0.000)	-12.279*** (0.000 0)	-12.92*** (0.000)	-12.925*** (0.000 0)	-9.442 4*** (0.000)	-9.437 (0.000 0)
AR(2)	3.996 4 (0.000 1)	3.996 3*** (0.000 1)	5.068 2*** (0.000)	5.061*** (0.000)	2.172 8** (0.029 8)	2.166 4 (0.030 3)
Sargan	254.268 1 (0.000)	254.267 6 (0.000 0)	264.699 3 (0.000)	265.052 3 (0.000)	170.977*** (0.000)	170.827 9 (0.000 0)
	样本稳健性检验					
GYvari	-0.011*** (0.190 2)	—	-0.000 1 (0.019 6)	—	0.101 5 (0.095 2)	—
GYspeci	—	0.011 1*** (0.190 1)	—	-0.000 9 (0.019 7)	—	
控制变量	是	是	是	是	是	是
常数项	是	是	是	是	是	是
F 值	101.13	101.13	191.67	191.71	6.17	6.18
R^2	0.796	0.796	0.314	0.315	0.065 3	0.065

表 5.2（续）

	变量稳健性检验		
LnAgg	0.009 2***	0.002 77	0.005 87
控制变量	(0.034 7)	(0.786)	(0.923)
常数项	是	是	是
时间效应 省份效应 F 值	是 是 101.13	是 是 191.67	是 是 6.17
R^2	0.796	0.314	0.065 3

注：AR（1）、AR（2）和 Sargan 括号内为 p 值。

在样本稳健性方面，由于工业集聚对环境污染的影响会在不同城市存在巨大差异，因此本研究结果可能会受到个别城市的左右。为探讨这一可能性，本研究剔除地级以上城市样本（包括副省级和省级城市），只保留地级城市样本，其结果依然与基准情形高度一致。在变量的稳健性检验中，我们采用区位熵方法来测算工业集聚程度，发现与基准情形不一致的结论主要在两个方面：一方面，工业集聚对工业“三废”排放量的影响不显著；另一方面，工业集聚对碳排放量的影响显著为正，并与工业专业化集聚对碳排放量的影响方向一致。由于区位熵衡量的是工业集聚的整体水平，而其结果显著为正，说明目前中国工业化集聚水平大部分处于专业化集聚阶段，故与工业专业化集聚对碳排放量影响方向一致。其他结果依然与基准情形高度一致。

5.3.3 环境污染差异性分析

5.3.3.1 工业集聚与环境污染空间差异特征

基准模型和稳健性的线性回归结果显示，总体而言，工业专业化集聚显著提高了中国碳排放水平，工业多样化集聚则显著降低了中国碳排放量和工业“三废”污染水平，对雾霾污染的影响则不显著。那么是不是工业集聚在不同集聚模式和层面具有异质性的影响，抑或是只有显著的影响才会在不同区域层面逐渐显现？一方面，从空间维度上看，中国地区差异反映在各地区工业发展水平的差异上。从新经济地理学的角度来讲，由于工业能在区域间转移，所以集聚效应会较为显著，具有地区间差异。另一方面，从行业维度上看，行业特征不同，绿色技术进步应用水平的差异将导致中国工业行业如采矿业、电力生产和制造业的污染物排放以及温室气体排放的差异性较大。因此，对于不同地区和不同行业，工业集聚的环境效应可能存在较大差异，有必要对工业集聚在不同环境质量指标中的异质性进行甄别。

从经济发展不平衡的角度来看，中国的区域差异不断扩大，由改革开放前单一的沿海和内地不平衡转变为纷繁复杂的格局。在既有格局中，既有“东西问题”，即沿海与内地或东、中、西、东北地区的差异，也有“核心—边缘区”问题，即胡焕庸线两侧的区域差异。从地理位置、产业结构、技术发展水平、市场成熟度、基础设施投入、资源禀赋等角度来看，中国地域辽阔，东、中、西、东北部地区在经济发展层次、速度、水平、结构以及技术吸收能力、政策背景等方面都存在较大差异。从环境相关的区域分界的角度来看，《2013年中国环境状况公报》展示出的胡焕庸线与雾霾污染的分界线较为吻合。因此，本研究将逐个分析中国六大区域（东、中、西、东北部地区以及胡焕庸线两侧的城市）的工业集聚的环境效应的异质性，使区域化的工业集聚中的环境效应研究对协同污染治理政策更具有针对性和可操作性。

表5.3报告了工业多样化和专业化集聚与环境污染的区域异质性的影响回归结果。由于区域间污染物存在显著的异质性，工业专业化集聚显著增加了中国大部分地区（包括中部、西部、胡焕庸线两侧城市）的碳排放量以及东部和胡焕庸线东南侧的工业“三废”排放量。工业多样化集聚则显著减少了中国大部分地区（包括中部、西部和胡焕庸线两侧城市）的碳排放量以及工业“三废”排放量。

表5.3 工业集聚对环境污染物影响的区域异质性

污染物	变量	(1)	(2)	(3)	(4)	(5)	(6)
		东部	中部	西部	东北地区	胡焕庸线西北侧	胡焕庸线东南侧
二氧化碳	lnGYspeci	−	+***	+***	−*	+*	+*
	lnGYvari	+	−***	−***	+*	−*	−*
雾霾污染	lnGYspeci	−	+	+	+	−	−
	lnGYvari	+	−	−	−	−	+
工业“三废”	lnGYspeci	+**	+	+	−	+	+**
	lnGYvari	−	−	−	+	−	−**

在“东西问题”上，东、中、西部和东北地区的工业集聚的环境效应具有较大差异。第一，工业专业化和多样化集聚对中、西部地区碳排放量、雾霾污染和工业“三废”的影响较为一致。工业专业化集聚加剧了中、西部地区

的碳排放，工业多样化集聚减轻了中、西部地区的碳排放。其原因可能在于中、西部地区作为工业的转入地区，不断地承接发达地区如东部沿海地区的工业，在一定程度上促进了生产要素的重新整合，提高了工业生产率和能源效率，从而集聚区域内碳排放量开始降低。同时，中、西部地区由于劳动力、土地和资源的使用成本较东部沿海低，吸引了高污染高排放企业不断迁入，虽然中、西部地区逐渐形成较为成熟的专业化集聚区，但抑制了集聚区域内节能减排效应，从而加剧了碳排放。第二，工业专业化和多样化集聚对东部地区的碳排放、雾霾污染影响均不显著，但工业专业化加剧了东部地区的工业“三废”排放。东部地区作为经济较为发达地区，具有产业关联度高、产业链完整、网络结构复杂的特点，工业专业化加剧了工业“三废”的排放表明东部地区的专业化程度较高，已经逐渐处于过度集聚的阶段，出现拥挤效应。第三，工业集聚的外部性对东北地区的影响与中、西部地区则不同，工业专业化集聚减轻了东北地区的碳排放，工业多样化集聚则加剧了东北地区的碳排放。其原因可能在于东北地区之前推出的“除锈”计划，即东北地区大规模的技术改造和交通基础设施投资计划，促进了工业集群的扩大和集群之间的互动，马歇尔正外部性增强，新工业的关联度逐渐升高，网络结构开始出现，降低了企业集聚的治污成本，强化了经济效应和碳排放的减少。而东北地区的工业多样化集聚加剧了碳排放，可能源于传统重工业逐渐萎缩、节能减排技术仍较为滞后，从而加剧了碳排放。在“核心—边缘区”问题上，我们发现，胡焕庸线东南侧城市的工业专业化集聚显著加剧了工业“三废”排放，工业多样化集聚显著减轻了工业“三废”排放。胡焕庸线两侧城市的工业多样化集聚均减少了碳排放量，专业化集聚则均增加了碳排放量。

5.3.3.2 行业集聚与环境污染差异特征

除了区域效应异质性检验之外，本研究还通过考察工业集聚行业内部的部分细分行业的环境效应继续进行异质性分析（见表5.4）。本研究按照行业分类继续考察细分行业：制造业、采掘业和电力、煤气及水的生产和供应业[①]（以下简称“电力业”）对二氧化碳、雾霾污染和工业“三废”排放的影响。

---

① 为了衡量制造业、采矿业和电力业整体的集聚水平，该部分的工业集聚水平通过测算区位熵得到。

表 5.4　工业行业中部分细分行业集聚对环境污染物影响的异质性

变量	(1)	(2)	(3)	(4)	(5)	(6)	(7)	(8)	(9)
	二氧化碳			雾霾污染			工业“三废”		
制造业	0. 113 7*** (0. 004 1)	—	—	0. 095 7*** (0. 006 8)	—	—	0. 005 1 (0. 019 3)	—	—
采矿业	—	0. 003 1 (0. 002 3)	—	—	0. 016 3*** (0. 004)	—	—	0. 021 5 (0. 027 5)	—
电力业	—	—	0. 183 8*** (0. 005 8)	—	—	0. 068 2*** (0. 010 8)		—	0. 013 9 (0. 030 1)
控制变量	是	是	是	是	是	是	是	是	是
常数项	是	是	是	是	是	是	是	是	是
省份效应	是	是	是	是	是	是	是	是	是
时间效应	是	是	是	是	是	是	是	是	是
观测值	3 653	3 653	3 653	2 810	2 810	2 810	3 372	3 372	3 372
Adj R^2	0. 661 69	0. 664 67	0. 539 9	0. 315 45	0. 314 92	0. 268	0. 062 86	0. 062 26	0. 025 6
F 值	614. 151 21	622. 384 63	462. 25	77. 231 92	77. 043 48	151. 77	11. 204 72	11. 090 56	11. 93

具体来看，在表 5.4 的第（1）列中，制造业集聚的回归系数是 0. 113 7，在 1%的显著水平上显著，表明制造业集聚规模每上升 1%，碳排放量增加 1. 129 万吨。第（3）列中电力业集聚对二氧化碳排放的影响在 1%水平上显著，意味着电力业集聚规模每上升 1%，碳排放量增加 1. 2 万吨。第（4）列中制造业集聚对雾霾污染浓度的影响在 1%水平上显著，意味着制造业集聚规模每上升 1%，雾霾污染浓度增加 1. 1 微克/立方米。第（5）列和第（6）列分别为采矿业和电力业集聚对雾霾污染浓度的影响回归结果，其回归系数分别是 0. 016 3、0. 068 2，并且在 1%水平上显著，意味着采矿业和电力业集聚规模每上升 1%，雾霾污染浓度分别增加 1. 01 微克/立方米和 1. 07 微克/立方米。第（2）列、第（7）列、第（9）列彼此之间的影响没有通过 1%显著水平检验，所以本书没有进行分析。

根据以上回归结果，我们可以初步推断：制造业、采掘业和电力业集聚主要加剧了碳排放和雾霾污染，对工业“三废”的影响并不显著。其原因可能有三个方面：①说明在中国工业生产过程中，对工业“三废”排放的控制已经取得了较为显著的成效，但对于温室气体和细小颗粒物（PM2. 5）污染的控制还存在较大的继续改进的空间。②可能由于制造业、采掘业和电力、煤气及水的生产和供应业受环境管制的影响较大，这些行业的企业可能存在污染物转移问题，即利用技术手段将传统污染物如二氧化硫、氮氧化物或工业废水的排放转向环境管制强度较小的其他污染物类型如二氧化碳和细小颗粒物。③制造业、采掘业和电力、煤气及水的生产和供应业集聚显著提高了碳排放量和雾霾污染浓度，说明中国工业生产仍然以劳动密集型和资本密集型为主，虽然技术在不断创新改进，但绿色技术进步率还未能达到降低单位能耗强度并超越碳排放量的增长水平的程度。

5.3.4 环境污染影响机制分析

知识、技术溢出是工业集聚外部性发生作用的重要因素之一，是提高劳动生产率的重要渠道。涂正革（2008）认为环境技术效率反映了产品的投入、产出与环境污染之间的关系，提出环境技术不仅是反映产业和环境结构的合理性的“镜子”，还是衡量工业与环境质量之间的协调发展程度的“尺子”。结合以上研究结果，我们发现工业集聚对不同的环境污染物的影响程度和方向具有较大差异，那么，工业集聚环境效应的异质性是否和绿色技术进步有关？绿色技术进步对集聚区域内的环境污染的排放水平的贡献率为多少？在工业的多样化集聚和专业化集聚中，绿色技术进步对环境质量指标的影响是否存在显著的差异性？接下来我们采用中介效应模型，对绿色技术进步进行中介效应检验，考察绿色技术进步在工业集聚的环境效应中的贡献率。

5.3.4.1 基于绿色技术效应的中介效应检验

根据前文，本小节将从绿色技术进步的角度来研究工业的专业化集聚和多样化集聚影响二氧化碳、雾霾污染和工业“三废”排放的传导机制。通过中介效应模型检验将得到工业集聚通过绿色技术进步对环境污染发生影响的传导机制，以及最后影响到环境质量的中介效应、直接效应和总效应以及中介效应率。模型设定以工业专业化和多样化集聚为处理变量，绿色技术进步为中介变量，环境质量指标为结果变量。表 5.5 以中介变量绿色进步水平为被解释变量，考察工业集聚是否能够影响绿色技术进步，考察从工业专业化和多样化集聚到绿色进步水平的中介效应。表 5.6 则以三种环境污染物指标为被解释变量，将核心解释变量工业专业化和多样化集聚、中介变量绿色技术进步水平以及相关控制变量纳入模型，考察工业集聚和绿色技术进步对不同环境污染物的直接效应。

表 5.5 工业集聚—绿色技术进步中介效应分析

变量	绿色技术进步		绿色技术进步	
	(1)	(2)	(3)	(4)
工业多样化集聚	0.037*** (0.010 7)	—	0.028*** (0.011 2)	—

表5.5(续)

变量	绿色技术进步		绿色技术进步	
	(1)	(2)	(3)	(4)
工业专业化集聚	—	-0.037*** (0.010 8)	—	-0.029*** (0.011 3)
控制变量	—	—	是	是
常数项	-0.089 1 (0.009 14)	-0.089 1 (0.009 16)	-1.636 (0.152 5)	-1.637 (0.152 6)
调整 R^2	0.003 3	0.003 2	0.182 1	0.182 1
F 值	11.91	11.76	101.39	101.41

表5.6展现了在工业多样化和专业化集聚中的绿色技术进步对环境污染物的因果中介效应。工业集聚在绿色技术进步的推动下对碳排放量、雾霾污染和工业“三废”均产生了显著的影响，说明绿色技术进步在工业集聚的环境效应中存在显著的中介效应，证实了假设1。因果中介效应分析结果还表明，在工业集聚区域内的绿色技术进步对环境污染的影响存在偏向性，并非传统认知中绿色技术进步能“齐头并进”地影响各类污染物。在工业多样化集聚中，绿色技术进步对工业“三废”的影响最大（-6.44%），然后是雾霾污染（-2.94%），最后是二氧化碳排放量（0.27%）。在工业专业化集聚中，绿色技术进步对工业“三废”的影响仍然最大（-6.76%），然后是雾霾污染（-2.9%），最后是二氧化碳排放量（0.33%），说明虽然绿色技术进步在工业多样化集聚和专业化集聚的环境效应中均未超过10%，但中介效应还是显著存在的。在工业多样化集聚和专业化集聚中，虽然绿色技术进步对不同的环境指标存在具有异质性的中介传导表现，但绿色技术进步对工业“三废”的影响在两种集聚模式中的作用均为最大。

表5.6　工业集聚—绿色技术进步—环境污染物因果中介效应分析

模型	工业多样化集聚			工业专业化集聚		
	二氧化碳	雾霾污染	工业“三废”	二氧化碳	雾霾污染	工业“三废”
工业集聚	-0.073*** (0.005 7)	-0.043*** (0.012 9)	-0.138 2*** (0.035 6)	0.073*** (0.005 7)	0.042*** (0.012)	0.133 5*** (0.035 5)
Lngreentech	-0.061 5* (0.009 4)	-0.042 8** (0.018 9)	0.289 1*** (0.052 2)	-0.062*** (0.009 3)	0.042 8*** (0.018 9)	0.288 9*** (0.052 1)

表5.6(续)

模型	工业多样化集聚			工业专业化集聚		
	二氧化碳	雾霾污染	工业“三废”	二氧化碳	雾霾污染	工业“三废”
控制变量	是	是	是	是	是	是
常数项	是	是	是	是	是	是
调整 R^2	0.594	0.318 9	0.403	0.595	0.318 8	0.034 9
F 值	457.88	191.02	101.39	457.94	190.91	15.68
平均中介效应(ACME)	-0.000 25	0.001 24	0.008 4	0.000 2	-0.001 2	-0.008 4
直接效应	-0.073 4	-0.043 38	-0.139	0.073 2	0.041 7	0.132
总效应	-0.073 6	-0.042 1	-0.130 6	0.073 4	0.040 4	0.124 3
中介效应率	0.334%	-2.945%	-6.43%	0.2%	-2.97%	-6.76%

5.3.4.2 基于绿色技术效应的门槛效应检验

当我们证明了绿色技术进步是工业集聚对环境影响的重要传导因素后，为了进一步探究工业集聚对不同环境指标影响存在异质性的原因，本小节将继续从绿色技术进步的视角来探究在不同产业集聚的规模下，绿色技术进步对工业“三废”、雾霾污染和碳排放量影响的门槛效应。绿色技术进步对环境质量的影响不仅会受到工业集聚模式的影响，还会受到集聚程度变化的影响从而产生结构性突变。我们根据 Hansen 提出的门槛面板模型，利用自举法（Bootstrap）来确定门槛值，考察在不同工业集聚阶段，绿色技术进步对环境质量指标影响的显著程度。门槛效果自抽样检验结果如表 5.7 所示。表 5.7 考察了以绿色技术发展水平为门槛变量的门槛效果自抽样检验结果，得到了在不同工业集聚规模阶段，绿色技术发展水平对工业“三废”排放量、雾霾污染浓度和二氧化碳排放量的影响系数。同时，当被解释变量为工业“三废”、雾霾污染和二氧化碳时，我们发现在工业集聚的不同规模阶段，单一门槛模型均通过了 10%显著水平检验，表明绿色技术进步对环境质量的影响均存在单一门槛效应。

表 5.7　绿色技术发展水平的门槛效果自抽样检验结果

变量	类型	模型	F 值	P 值	门槛估计值	95%置信区间
工业“三废”	工业专业化集聚	单一门槛效应	10.2	0.09	-1.237 9	[-1.350 0, -1.204 0]
	工业多样化集聚	单一门槛效应	10.87	0.096 0	0.121 79	[1.124 3, 1.229 6]
雾霾污染（PM2.5）	工业专业化集聚	单一门槛效应	42.74	0.01	-0.867 5	[-1.031 4, -0.844 0]
	工业多样化集聚	单一门槛效应	48.9	0.01	0.841 6	[0.826 3, 0.845 9]
碳排放量（CO_2）	工业专业化集聚	单一门槛效应	89.00	0.002 0	-0.008 5***	[-0.009 5, -0.008 1]
	工业多样化集聚	单一门槛效应	88.99	0.000 0	-0.566 3***	[-0.684 3, -0.559 9]

如表 5.8 所示，当工业专业化集聚水平低于-1.23 时，绿色技术进步对工业“三废”的影响最大，并在 1%水平上显著。随着工业专业化集聚水平超过-1.23，影响度变小，但依然在 1%水平下显著。从中可以看出，对于绿色技术进步水平而言，其对工业“三废”的影响程度与工业专业化集聚程度正相关。工业专业化集聚程度的上升，缓解了绿色技术进步对工业“三废”的负外部性影响，说明当工业专业化集聚的改革进入深水区时，将促使企业积极开展绿色创新，更倾向于清洁生产而并非末端治理技术，扭转了企业被锁定在单一依赖成本竞争的发展路径上的被动局面。当工业专业化集聚水平低于-0.86 时，绿色技术进步对雾霾污染的影响估计系数为 0.023 4，并在 1%水平上具有显著影响。当工业专业化集聚程度跨越过单一门槛估计值时，绿色技术进步水平对雾霾污染的影响变大，而且依然在 1%水平上显著，表明在工业专业化集聚过程中，绿色技术进步对雾霾污染的影响的负外部性在增强。其原因可能在于以下两个方面：第一，随着工业专业化集聚区改革的深入，集聚区域内的企业基于策略性减排，采用的绿色技术进步倾向于减少和降低传统污染物，却提高了雾霾污染的浓度，即可能存在污染转移的问题。第二，雾霾（PM2.5）污染是具有一次排放、二次合成特征的复合型大气污染物，即相对于传统大气污染物，雾霾污染存在二次合成的特点。特别是在具有集中排放特点的工业集聚区，为 PM2.5 二次合成在总量中占比的攀升提供了地理条件。说明在工业专业化集聚逐渐深化的过程中，绿色技术进步还未能跟上 PM2.5 二次合成的速

度，故绿色技术进步对雾霾污染的负外部性影响呈现逐渐增强的趋势。当工业专业化集聚水平低于0.561 9时，绿色技术进步对碳排放的影响为负，即绿色技术进步减少了碳排放量。但工业专业化集聚水平高于0.561 9时，绿色技术进步对碳排放的影响不再显著，说明当工业专业化集聚程度高于门槛估计值时，集聚区域内会产生拥挤效应，马歇尔外部性带来的负外部性增强。过度集聚会抵消一部分工业集聚带来的好处，绿色技术进步对环境质量的影响产生了回弹效应，从而对二氧化碳正外部性的影响变得不显著。

表5.8 绿色技术进步水平对不同污染物的门槛效应回归结果

变量	工业“三废”	雾霾污染	二氧化碳	工业“三废”	雾霾污染	二氧化碳
$lnGYSPEC\ I_{pol} \leq -1.2379$ $lnGYSPEC\ I_{pol} > -1.2379$	0.486 6*** (0.003 8) 0.198 6*** (0.000)	—	—	—	—	—
$lnGYSPEC\ I_{pm} \leq -0.8675$ $lnGYSPEC\ I_{pm} > -0.8675$	—	0.023 4*** (0.000) 0.089 19*** (0.000)	—	—	—	—
$lnGYSPEC\ I_{CO_2} \leq -0.0085$ $lnGYSPEC\ I_{CO_2} > -0.0085$	—	—	0.004 7*** (0.003 6) -0.023 6 (0.003 8)	—	—	—
$lnGYVAR\ I_{pol} \leq 1.2179$ $lnGYVAR\ I_{pol} > 1.2179$	—	—	—	0.187 1*** (0.000) 0.506 8*** (0.000)	—	—
$lnGYVAR\ I_{pm} \leq 0.8416$ $lnGYVAR\ I_{pm} > 0.8416$	—	—	—	—	0.088 6*** (0.000) 0.025*** (0.004)	—
$lnGYVAR\ I_{CO2} \leq -0.5663$ $lnGYVAR\ I_{CO2} > -0.5663$	—	—	—	—	—	0.007 14 (0.014 9) -0.033 9*** (0.003 8)
控制变量	是	是	是	是	是	是
常数项	3.089 8***	4.419 9	5.760 5***	2.712 505	2.418*	5.976 2***
F值	12.61	30.42	201.75	6.21	144.15	72.04

当工业多样化集聚水平低于1.21时，绿色技术进步对工业“三废”的影响的估计系数为0.18，并在1%水平上显著。当多样化集聚水平进一步提升，绿色技术进步对工业“三废”的影响则显著增大，且仍然在1%水平上显著为正，说明工业多样化集聚中的绿色技术进步并不利于工业“三废”的减排。在工业多样化集聚的初级阶段，产业种类较为分散，产业关联度较低，绿色技术进步应用水平较低，导致对整体工业“三废”的减排效应并不显著。但当工业多样化集聚进入中高级阶段时，集聚区域内的产业出现进一步的多样化和复杂化，故其产业属性并不能为绿色技术进步降低工业“三废”提供有利的协同治理的条件。当工业多样化集聚水平低于0.84时，绿色技术进步对雾霾污染的影响最大，且在1%显著水平上显著。当跨过门槛值0.84后，绿色技术进步对雾霾污染的影响变小，即负外部性逐渐减少。Krugman et al.（2011）认为多样化集聚有助于吸引创新部门，但专业化集聚区对于成熟产业更具有吸引力。这说明随着工业多样化集聚程度的加深，多样化企业的创新资源共享和技术互补、复杂而稳定的网络结构，并未提供雾霾污染二次合成的地理便利条件，从而减少了雾霾污染浓度继续攀升的外部条件。当工业多样化集聚水平在小于门槛值-0.56时，对碳排放的影响不显著；跨过门槛值-0.56后，绿色技术进步对碳排放的积极影响才开始显现。这说明多样化集聚在形成较为完整的协作流网络之后，企业之间的资源得到共享并且优势互补，加速了知识溢出效应，集聚区域内的企业主要通过创新获得了超额回报，差异化战略使企业自愿实施更高难度的创新和清洁生产。因此，集聚区域内的企业在良性循环中通过提高绿色技术进步产出逐渐与区域外企业拉开差距，使得区域间绿色技术进步产出不一，从而提高了集聚区域内的环境质量。假设2成立。

综上所述，在工业的多样化集聚和专业化集聚过程中，绿色技术进步均有利于碳排放量的减少。由于雾霾污染存在复合性特征，工业的专业化集聚并不利于绿色技术进步降低雾霾污染浓度，反而呈现“促增效应”；但工业的多样化集聚为绿色技术进步降低雾霾污染提供了隔绝其二次合成的网络结构条件，使绿色技术进步对雾霾污染的负外部性影响逐渐减少。由于工业“三废”存在多样化特征，工业的多样化集聚并不利于绿色技术进步降低工业“三废”排放，但工业的专业化集聚为绿色技术进步降低工业“三废”的排放提供了更为稳固的网络结构条件和治理路径，使绿色技术进步对工业“三废”的负外部性影响呈现下降趋势。

5.3.4.3 主要结论与启示

工业集聚不仅是最具有经济活力的空间组织形态，也是污染环境的空间载体；不仅是各地区获得竞争优势的主要领域，也是影响生态环境可持续发展的重要因素。工业集聚发展对环境质量的影响及其作用机理是各个国家和地方政府在进行产业布局、产业转型升级决策时的重要依据。本研究首次从绿色技术进步的视角来诠释中国工业集聚环境效应的传导机制，综合运用前沿性经济计量模型，开展绿色技术进步视角下工业集聚对工业“三废”、雾霾污染和碳排放的影响机理与路径研究。其主要结论和启示如下：

第一，工业集聚是影响中国环境污染的重要因素，工业专业化集聚显著提高了中国碳排放水平，工业多样化集聚则显著降低了中国碳排放水平。工业集聚具有区域异质性和行业异质性的特点。工业专业化集聚显著增加了中国大部分地区的碳排放量以及东部和胡焕庸线东南侧的工业“三废”排放量；工业多样化集聚则显著减少了中国大部分地区的碳排放量以及工业“三废”排放量；制造业、采掘业和电力、煤气及水的生产与供应业集聚主要增加了碳排放量和雾霾污染浓度，对工业“三废”的影响并不显著。因此，针对行业和区域发展的异质性特征，在集聚区域内实施有针对性的环保节能政策，发展工业集聚区要向“专而精”和“精细化”方向转化，对于专业化水平较高的集聚区，应该对其规模进行一定程度的限制，对于集聚发展程度较低的区域，则应积极促进产业向多样化集聚发展。在充分利用工业集聚创造经济效益的同时，积极发挥工业多样化集聚的环境正效益，从工业多样化集聚本身出发，寻找环境与工业协调发展的路径。依靠工业集聚经济正外部性和环境正外部性的发挥，提高集聚效率，减少环境承载压力，最终提高环境质量，实现经济的高质量发展。

第二，工业集聚在绿色技术进步的推动下对碳排放量、雾霾污染和工业“三废”均产生了显著的影响，绿色技术进步在工业集聚的环境效应中存在显著的中介效应。在工业多样化集聚和专业化集聚中，虽然绿色技术进步对不同的环境指标存在具有异质性的中介传导表现，但绿色技术进步对工业“三废”的影响在两种集聚模式中的作用均为最大。由于绿色技术进步在工业集聚中存在显著的中介传导机制，在集聚区域内积极提升绿色技术进步率是发展产业集聚区的关键所在。因此，政府应重点构建科技创新平台，加强联合环保节能行动的实施，探索建立优势互补、利益共享、风险共担的环保创新模式，发挥集聚区域内环保节能的共性技术创新功能，大力开展节能减排技术支持、环保设备和环保材料推广应用、环保核心技术攻关等工作，使工业集聚提高绿色技术进步的功能得到最大限度的发挥，形成新的增长动力源泉。

第三，在工业多样化集聚和专业化集聚程度不断加深的过程中，绿色技术进步对环境质量的影响均存在显著且单一的门槛效应。在工业的多样化集聚和专业化集聚过程中，绿色技术进步显著降低了碳排放量。随着工业专业化集聚的不断发展，绿色技术进步对雾霾污染的影响的负外部性逐渐增加，对工业“三废”的负外部性影响呈现下降趋势；随着工业多样化集聚的不断发展，绿色技术进步对工业“三废”的负外部性影响不断上升，对雾霾污染的负外部性影响呈现下降趋势。因此，根据工业集聚马歇尔外部性和雅各布斯外部性出现的差异化环境效应特征，政府应对工业集聚进行科学、合理规划，摸清找准集聚外部性发展的最优拐点，指导集聚企业通过多样化外部性的发挥来优化生产、减少污染，最大限度地实现工业集聚和环境保护双赢的目标。

6 生产性服务业集聚对环境污染的影响

温室气体和大气污染物具有同根同源同步性，将二者进行协同控制是“五位一体”总体布局的有机组成部分，也是防治大气污染和减缓气候变化的影响的有效举措（吴建平，2019；柴发合，2015）。2018 年，我国进行机构体制改革，由新成立的生态环境部负责将生态环境保护和适应气候变化工作进行统筹融合，这为温室气体和大气污染物的协同控制提供了有力的支撑。目前，工业集聚作为一种最具有经济活力的空间组织形态，不仅是影响生态环境可持续发展的重要因素，也是大气污染和温室气体进行协同控制的重要载体。其原因主要在于工业集聚通过规模效应助推了工业经济高速发展，降低了集聚区域内的交易费用，为经济的绿色低碳转型发展提供了重要抓手（Wang、Wheeler，2013；Brownstone、Golob，2014；Glaeser、Kahn，2015）。虽然温室气体减排与大气污染治理存在协同效应，但由于温室气体减排与大气污染物治理之间具有正负协同效应，考察工业集聚下绿色技术进步对温室气体与大气污染物控制效果的偏向性和门槛效应就显得尤为重要。所以，系统研究工业集聚如何通过绿色技术进步对大气污染和温室气体进行协同控制具有重要的现实意义。

由于经济、能源、环境各部门与减排主体间的互动关系和制约关系处于一个动态多重关联的网络结构中，为实现大气污染和温室气体的正协同效应的最大化，了解工业集聚在协同治理上的特殊性，是实现大气污染和温室气体减排效益最大化的重要问题。从现有文献的研究角度来看，主要从结构效应和规模效应的宏观角度来研究工业集聚环境效应和节能减排效应的作用机理，而未能从绿色技术进步的角度了解生产性服务业集聚协同治理的作用机制。本研究梳理了生产性服务业的专业化和多样化集聚对温室气体和大气污染物的影响及其传导机制，并挖掘了其共性以及差异性的特征，还从工业集聚发展的不同阶段的角度揭示了绿色技术进步对大气污染物和温室气体的门槛效应，增强了生产性服务业集聚对大气污染和温室气体协同效应的作用机理研究分析的实践性和操作性。

2018年12月，中央经济工作会议进一步强调要“打好污染防治攻坚战，要使主要污染物排放总量大幅减少，生态环境质量总体提高，重点是打赢蓝天保卫战，调整产业结构，淘汰落后产能，调整能源结构，加大节能力度和考核，调整运输结构”。生态环境部2018年发布的《中国应对气候变化的政策与行动2018年度报告》中指出，2017年中国碳强度比2005年下降约46%，已超过2020年碳强度下降40%至45%的目标，碳排放快速增加局面得到初步扭转。但全球碳计划组织发布的2018年最新报告显示，中国的碳排放在经过连续三年（2014—2016年）的平稳表现之后，在2017年出现小幅上升，而2018年的碳排放则保持了上升的势头。党的十九大报告中进一步强调了生态文明建设的迫切性，强调“坚持全民共治、源头防治，持续实施大气污染防治行动，打赢蓝天保卫战”，污染防治也被列为全面建成小康社会决胜阶段必须打赢的三大攻坚战之一。三年蓝天保卫战正式打响后，2017年，全国338个地级及以上城市中空气治理达标的仅占29%；2018年，京津冀区域发生了四次区域性污染过程，城市日均PM2.5峰值浓度为337微克/立方米，共82个城市发布重污染预警。可见，大气污染治理依然是环境保护工作的重中之重。由于产业集聚引起的环境污染更多地表现为空间上的“集中排放”（王兵，2016），导致产业区域内的环境污染加重，污染物二次合成的现象明显，特别是在重污染区域内，二次合成的PM2.5在总量中占比明显增加（钟史明，2015）。

面对以环境保护优化经济增长的现实需求，绿色技术创新已成为国家或者区域发展的主旋律。不同于传统技术创新，绿色技术创新具备显著的高投入、高风险及外部经济性特征。目前已有研究表明产业集聚的规模经济、专业分工及溢出效应是推动技术创新的原因，产业集聚可能是促进绿色技术创新的重要切入点。但有观点认为企业的地理集聚并不必然提高创新的集中程度，甚至由于知识的拥挤效应而适得其反，也有观点认为产业集聚对技术创新的作用具有不确定性，不同地区应该发展符合本地区实际需求的集聚与创新模式。对于环境污染物而言，生产性服务业的集聚是否会通过绿色技术进步来影响环境，对于能否倒逼产业集聚区域内的产业结构调整和升级具有重要意义。

依托生产性服务业的有效集聚可以提升绿色技术创新水平，进一步提高区域的生态效率，对于明确产业集聚良性发展方向，促进生态环境优化具有重要意义。然而在理论研究上，更多学者将注意力集中在空间溢出效应的角度论证生产性服务业的环境效应，少有文献从绿色技术进步率的角度揭示生产性服务业集聚的环境效应背后的逻辑及其影响因素。在已有文献中，在对于影响因素的探讨上，忽视了降水量和年均气温等影响碳排放、雾霾污染和工业“三废”

的重要气象因素；在研究方法上，也多基于空间计量分析法，使其将产业集聚作用于碳排放、雾霾污染和工业“三废”的影响机制描画得较为定性，不能量化绿色技术进步率在产业集聚中对环境的非线性影响，降低了其应用价值。本研究通过绿色全要素生产率测算出绿色技术进步率，并从有偏向的绿色技术进步的角度厘清产业集聚对不同环境污染物的异质性影响的链条逻辑，通过Hansen（1999）门槛效应模型，利用2003—2016年中国地级及以上城市样本数据，对绿色技术进步率经由生产性服务业集聚影响环境的传导路径进行实证检验。研究结果将深化人们对生产性服务业的环境效应的认识，从而为生产性服务业集聚中的碳排放、空气污染及其协同治理提供必要的经验支持和政策支撑。

6.1 研究动态分析

国外学者对产业集聚的研究较多，主要涉及产业集聚的形成机理、动力机制、集聚效应、转型升级等方面。国外学者认为产业集聚主要通过降低成本、促进创新、获得竞争优势等方式对经济产生影响，这对产业集聚的环境外部效应研究而言有很大的借鉴意义。不同文献分析产业集聚对经济的影响机制各有不同，但主要可分为三种影响机制：成本效应、创新效应和竞争效应。对成本效应的基本解释是产业集群通过降低内部企业的交易成本、提高企业经营效率的方式提升了经济增长水平（Storper，1995；Philippe Martin，1995；Gianmarco I. P. Ottaviano，2001；Fan、Scott，2003）。同时，还有不少学者认为产业集群对经济增长的影响具有异质性，如Nicholasraft和Anthony J. Venables（2001）认为不能忽视地理集聚对经济的影响，在绩效、规模和区位等方面存在异质性。在规模过度集聚方面，较多国内学者认为适度集聚可以促使区域福利最大化，减少企业效率损失。如吴颖、蒲勇健（2008）以空间经济理论为基础，将中心和外围两个区域系统作为研究对象，建立区域福利模型，阐释了区域过度集聚负外部效应对区域发展的影响机制，并定量计算出适度集聚是区域福利最优条件的结论。陆遥、管志伟和唐根年等（2009）根据不同的集聚指数来研究中国制造业的集聚程度与收益之间的关系，认为集聚过度型企业存在着投入过剩，存在产出效率损失的问题。对创新效应的基本解释是集群内部可以实现隐性知识的分享，通过内部劳动市场合作研究、产业上下游关系等渠道实现知识的共享从而促进经济增长，产业集聚促进了创新的发展（Lawson、Lorenz，

1999；Baptista、Swann，1998；邵帅、齐中英，2008）。对竞争优势的基本解释是产业集群可以通过降低企业的生产成本、促进创新的方式使产品具有成本优势和差异化优势，以及优化当地的产业结构的方式来获得竞争优势（Porter，1998；Laura Paija，2001）。国内学者认为，产业集聚水平越高，企业间关联性越强，产业的国际竞争力越强，其影响机制主要是优化产业结构的方式和空间外溢效应（谢子远，2014；孙慧，2013）。

产业集聚的环境外部性研究在学界一直存在以下三种不同的观点：

第一种观点认为，产业集聚加剧了环境污染。如 Virkanen（1998）证实了芬兰南部的工业集聚是导致大气污染和水污染的直接原因。张可和汪东芳（2014）、王兵和聂欣（2016）提出产业集聚对环境污染的影响机制是通过扩大能源需求、提高劳动生产率的方式使环境污染加重。豆建民和张可（2015）认为产业集聚通过产出规模、结构以及效率等效应作用于环境污染，产业集聚规模是导致环境污染的主要原因。王兵和聂欣（2016）通过匹配河流水质观测点与开发区的精确地理信息，研究产业集聚对河流水质的影响，发现我国设立开发区后其周边河流水质短期内出现了明显恶化，表明短期内的产业集聚可能成为环境治理的阻力。韩峰和谢锐（2017）采用我国 283 个地级市面板数据，利用空间计量模型考察了生产性服务业集聚对碳排放的影响，实证研究发现生产性服务业提升了周边城市碳排放水平，但是细分行业的集聚对碳排放的影响具有异质性。

第二种观点认为，产业集聚改善了环境状况。Wang 和 Wheeler（1996）、Zeng 和 Zhao（2009）认为集聚改善了环境状况，原因是基于集聚的外部性具有规模效应，环境治理成本将随着产业集聚规模的扩大而递减，而治理成本的降低将有利于环境状况的改善。Brownstone 和 Golob（2009）、Glaeser 和 Kahn（2010）认为其原因在于产业集聚有助于缩短企业生产经营活动距离，从而减少交通能耗和大气污染物排放或碳排放。沈能、王群伟和赵增耀（2014）、刘胜和顾乃华（2015）认为产业集聚通过共享中间投入产品、相关要素的合理匹配、知识和技术溢出从而使集聚更有利于节能减排。邓玉萍和许和连（2016）运用我国地级市面板数据对外商直接投资、集聚外部性与环境污染（SO_2、粉尘和水污染）之间的关系进行了考察，发现不同城市规模区域内的集聚外部性对环境污染的影响存在显著差异。余泳泽和刘凤娟（2017）对我国 230 个地级市面板数据分别采用工业废水排放量和二氧化硫排放量作为环境污染代理指标，利用空间计量模型考察了生产性服务业集聚的环境外部性，认为生产性服务业集聚对二氧化硫排放和废水排放产生了抑制性影响。

第三种观点认为，产业集聚与环境污染存在非线性关系。李伟娜等（2010）运用我国30个制造业细分行业面板数据进行分析，结果发现我国制造业集聚与SO_2排放之间存在N形曲线关系，目前处于大气污染随着制造业集聚水平提高而增加的阶段。闫逢柱等（2011）发现制造业集聚在短期内可能降低环境污染，但长期产业集聚的环境外部性不确定。李筱乐（2014）运用我国省级面板数据，选取人均二氧化碳排放量来衡量环境污染程度，将市场化水平作为门槛变量，利用门槛效应模型进行研究，发现当市场化水平较低时，工业集聚会导致环境污染；当市场化水平较高时，工业集聚会改善环境状况。杨仁发（2015）采用我国30个省份（西藏除外）面板数据和门槛效应模型，选取二氧化硫排放量来衡量环境污染程度，将产业集聚程度作为门槛变量，发现当集聚水平较低时，产业集聚会加剧环境污染；当集聚水平较高时，产业集聚会改善环境状况。原毅军和谢荣辉（2015）同样利用中国30个省份（西藏除外）的面板数据，实证分析了产业集聚对环境污染的影响，选取二氧化硫排放量来衡量环境污染程度，采用固定效应模型考察产业集聚与环境污染，发现二者呈现倒U形关系。

在产业集聚对大气污染的影响机制研究方面，国内外学者认为产业集聚主要是通过规模效应和技术效应对环境产生影响。在规模效应中，产业集聚主要从治理成本和能源需求这两个角度对环境产生影响。一方面，Zeng和Zhao（2009）等认为集聚的外部性具有规模效应，环境治理成本将随着产业集聚规模的扩大而递减，而治理成本的降低，将有利于环境状况的改善；另一方面，豆建民和张可（2015）、王兵和聂欣（2016）认为集聚对环境污染的影响机制是通过集聚规模的扩大，从而使能源需求攀升导致环境污染加重。在技术效应中，产业集聚主要从知识溢出和技术的回弹效应两个角度对环境产生影响。一方面，Keeble和Nacham（2002）、朱英明（2012）、陆铭和冯皓（2014）、沈能、王群伟和赵增耀（2014）、刘树（2015）、韩峰和谢锐（2017）等认为产业集聚通过知识和技术溢出使集聚更有利于节能减排；另一方面，Xiaoling Ouyang et al.（2018）则认为在长三角集聚区域内技术的回弹效应会对能源消耗总量攀升产生影响。产业集聚主要从生产链和产业结构两个角度对环境产生影响。一方面，王崇锋和张吉鹏（2009）认为在产业集聚过程中生产链会拉长或者结成网状，使资源得到更有效利用从而减少了废弃物排放；另一方面，还有学者如Peng J（2018）认为相对于人口密度和城市规模等因素而言，产业结构对PM2.5污染的影响较大，第二产业占比越高，化石能源消费越多，PM2.5污染越大。

6.2 模型构建与数据说明

6.2.1 模型构建

F. C. Englmann（1995）提出产出持续增长和经济空间集聚是世界经济发展过程中最为突出的两个特征事实。产业集聚与经济增长密切相关，二者之间内生互动。产业集聚通过技术进步影响经济增长的速度与质量，经济增长促进要素累积进而支撑产业集聚（R. E. Baldwin，2000）。由于专业化和多样化的产业集聚强调了知识溢出来源的不同，而内生增长理论则从更为宏观的角度强调了知识溢出所带来的外部性，故本研究拟在内生经济增长模型的基础上引入集聚函数，据此探究生产性服务业的专业化、多样化集聚与环境污染之间的关系。首先，假设厂商的生产函数为：

$$Q(L, K) = AL^{\alpha}K^{\beta} \tag{6.1}$$

式中，Q 表示厂商的产出水平，A 为技术水平，劳动（L）、资本（K）的产出弹性均满足 $\alpha \in [0, 1]$、$\beta \in [0, 1]$。在开放经济条件下，资本由非同质的内资 K_d 和外资 K_f 共同组成。当大量厂商在同一区域集聚时，将集聚函数引入代表性厂商的生产函数，此时：

$$Q(L, K) = f(\sum_j L_{ij}) \cdot g(\sum_j L_{1j}, \cdots, \sum_j L_{1j}) \cdot L^{\alpha}K_f^{\beta 1}K_d^{\beta 2} \tag{6.2}$$

式中，函数 $\mathrm{Mar} = f(\sum_j L_{ij})$ 表示 Mar（马歇尔）外部性，$\mathrm{Jac} = g(\sum_j L_{1j}, \cdots, \sum_j L_{1j})$ 表示 Jacobs（雅各布斯）外部性，i 和 j 分别表示城市 i 中的厂商 j。假设厂商只生产资本密集型产品 X，生产 X 的同时将产生一定的污染 E，并导致厂商分配一定的资源用于减少污染。假设厂商将投入 ζ 比例的资源进行污染控制，此时 X 产品的净产量为：

$$X = (1 - \theta)Q(L, K) \tag{6.3}$$

代表性厂商的排污量为：

$$E = \varphi(\zeta)Q(L, K) \tag{6.4}$$

式中，排污函数 $\varphi(\zeta) = A^{-1}(1 - \theta)^{1-b}$，$b \in [0, 1]$。由式（6.2）、式（6.3）和式（6.4），将污染表征环境污染 E 可得：

$$E_{it} = Te^{-b}(RD, K_f, \mathrm{Mar}, \mathrm{Jac})f(\sum_j L_{ij}) \cdot g(\sum_j L_{1j}, \cdots, \sum_j L_{1j}) \cdot L^{\alpha}K_f^{\beta 1}K_d^{\beta 2}(1 - \zeta)^{\frac{1}{b}} \tag{6.5}$$

根据式（6.5），污染 E 受马歇尔外部性（Mar）、雅各布斯外部性（Jac）及其他变量如劳动力（L）、研发（RD）及治污投入（ζ）等影响。

本研究依托 2003—2016 年（跨度为 14 年）的中国 281 个地级以及以上城市相关数据来实证甄别产业集聚对传统工业“三废”、雾霾污染和二氧化碳的影响，并进一步评估政府是否可以通过规划产业集聚规模、产业结构以及促进绿色技术进步率等方式来对传统工业“三废”、雾霾污染和二氧化碳进行协同治理。为考察产业集聚对传统工业“三废”、雾霾污染和二氧化碳的影响，本研究构建如下实证模型：

$$
\begin{aligned}
\mathrm{Env}_{it} &= \alpha_0 + \alpha_1 \mathrm{Mar}_{it} + \alpha_2 \text{城市特征}_{it} + \alpha_3 \text{固定效应} + \varepsilon_{it} \\
\mathrm{Env}_{it} &= \alpha_0 + \alpha_1 \mathrm{Jac}_{it} + \alpha_2 \text{城市特征}_{it} + \alpha_3 \text{固定效应} + \varepsilon_{it} \qquad (6.6) \\
\mathrm{Env}_{it} &= \alpha_0 + \alpha_1 \mathrm{Agg}_{it} + \alpha_2 \text{城市特征}_{it} + \alpha_3 \text{固定效应} + \varepsilon_{it}
\end{aligned}
$$

式中，Env_{it} 为城市 i 在 t 年的工业“三废”排放量、雾霾污染和碳排放量，其中工业“三废”是各城市的工业废水排放量、工业二氧化硫排放量和工业烟（粉）尘排放量。本研究采用熵权法来计算环境污染指数，以度量城市工业“三废”的污染程度，其系数 α_1 度量了生产性服务业集聚对三种环境污染物的影响。Agg_{it} 表示城市 i 在 t 年的产业集聚程度，数据来源为《中国城市统计年鉴》；Mar_{it} 表示城市 i 在 t 年的产业专业化集聚程度；Jac_{it} 表示城市 i 在 t 年的产业多样化集聚程度，数据来源为《中国城市统计年鉴》；此外，本研究还控制了城市与时间双向固定效应，以进一步地缓解遗漏变量偏误的影响。最后，ε_{it} 是误差项。

本研究主要考察生产性服务业集聚的多样化和专业化对于污染的影响。Glaeser et al.（1992）认为由集聚引起的技术外部性或动态外部性主要来源于马歇尔集聚外部性和雅各布斯集聚外部性两个方面。马歇尔集聚外部性来源于同一产业内厂商的集中布局和专业化分工，而雅各布斯外部性来源于不同产业的集中分布或经济的多样性集聚，二者均注重知识的“集体学习过程”在劳动生产率提高和经济增长中的作用。本研究测度生产性服务业的专业化与多样化集聚的着眼点在于知识溢出来源的不同，使其各自对雾霾（PM2.5）污染的影响可能具有异质性。为科学测度生产性服务业集聚的专业化和多样化集聚，我们分别参考 Ezcurra et al.（2006）和韩峰（2017）的研究。

马歇尔外部性（产业集聚的专业化测度）指标构建方法参考 Ezcurra 等（2006）的研究，即

$$
\mathrm{Mar}_i = \sum_j \left| \frac{S_{ij}}{S_i} - \frac{S'_j}{S'} \right| \qquad (6.7)
$$

式中，S_{ij} 代表 i 城市 j 产业的就业人数，S_i 为 i 城市总就业人数，S_j' 表示除 i 城市外的 j 产业的就业人数，S' 为除 i 城市外的全国总就业人数。

雅各布斯外部性（产业集聚的多样化测度）指标构建方法参考韩峰（2017）的研究，即

$$\text{Jac} = \sum_j \left[\frac{1/\sum_{j'=1, j'\neq j}^{n} [E_{ij'}/(E_i - E_{ij})]^2}{1/\sum_{j'=1, j'\neq j}^{n} [E_{j'}/(E - E_j)]^2} \right] \tag{6.8}$$

式中，E_j 代表全国 j 行业的就业人数，E 为全国总就业人数。我们希望通过测度产业的专业化和多样化的集聚程度，为当地政府最大限度地促进当地经济发展、改善产业集聚结构和保护生态环境提供科学依据。

生产性服务业集聚对雾霾污染的影响中可能存在非线性结构突变问题。针对这一问题，以往研究多采用分组经验和交叉项模型来估算，但受分组标准的制约，分组检验并不能有效估计准确的门槛值，也无法对不同样本回归结果的差异性进行显著性检验；交叉项虽然可以计算具体结构变化值，但存在严重共线性问题，并且无法验证门槛估计值的正确性。已有研究采用 Hansen（1999）提出的静态面板门槛回归建模思路，依据样本数据特点来搜索内生性临界值，并进行显著性和真实性检验，避免了主观分组及交叉项估算的偏差性。在估计出面板门槛值的基础上，进一步根据门槛值将全样本划分为不同的区间，并采用 Arellano 和 Bond（1991）提出的一阶差分 GMM 估计法对分区间的斜率系数进行估计。根据研究主题，本研究设定计量模型如下：

$$\text{PM}_{it} = \gamma + \varphi \text{PM}_{it-1} + \beta_1 \text{Mar}_{it} + \beta_2 \text{X}_{it} + \beta_3 \text{Mar}_{it} \times \text{Str}_{it} \times I(thr < \gamma) + \beta_4 \text{Mar}_{it} \times \text{Str}_{it} I(thr \geqslant \gamma) + \mu_i + \varepsilon_{it} \tag{6.9}$$

在式（6.9）中，i 为个体，t 为时期，μ_i 为个体效应，ε_{it} 为随机扰动项。其中，$I(\cdot)$ 为门槛示性函数，thr 表示门槛变量，γ 为具体的门槛值。当 $thr < \gamma$ 时，$I(\cdot)=0$；当 $thr > \gamma$ 时，$I(\cdot)=1$。本研究设定的门槛变量为生产性服务业集聚的专业化（Mar）和多样化程度（Jac）。

6.2.2 变量说明

结合已有研究，本研究还在基准回归模型中控制了一组城市特征变量，以尽可能地缓解遗漏变量偏误的影响。这组变量包括：①能源消费量，选取城市 i 的全社会用电量，以控制能源消费对二氧化碳、雾霾污染和工业“三废”的影响；②环境规制，利用工业烟尘去除量来表示，以刻画环境规制对环境污染物的影响；③政府研发投入，选取政府财政投入中科技支出来表示（以 2003

年为基年进行平减），以刻画政府研发支持力度对工业“三废”、雾霾污染和二氧化碳排放量的影响；④第二产业比重，采用第二产业增加值占地区 GDP 的比重来表示，以控制产业结构对产业集聚和工业“三废”、雾霾污染和二氧化碳排放量的影响；⑤经济增长水平，采用人均地区 GDP 来表示；⑥年均气温，选用城市的年平均气温，以控制气温对工业“三废”、雾霾污染和二氧化碳排放量的影响；⑦降水量，采用城市的年平均降水量表征，以控制降水量对工业“三废”、雾霾污染和二氧化碳排放量的影响。其中年均气温和降水量原始数据均来自英国 TRMM 研究所发布的 0. 1°×0. 1°经纬度格栅气象数据。本研究进一步通过 ArcGIS 软件将此格栅数据解析为直接使用的 2003—2016 年中国 281 个地级及以上城市数据。最后，将得到的气温和降水量数据根据其样本进行校正、投影、采样处理。上述控制变量数据，除了平均气温和降水量外，均来自历年《中国城市统计年鉴》。以上被解释变量、核心解释变量以及一系列控制变量的数据说明与简单统计描述见表 6. 1。

表 6. 1　变量说明与统计描述

变量名称	度量指标与说明	单位	样本	均值	最小值	最大值	标准差
生产性服务业集聚	生产性服务业就业人口数区位熵	—	3 653	2. 193	1. 441 64	145. 746	7. 555 4
能源消费量	全社会用电量	万千瓦时	3 653	729 577. 7	0	1. 49e+07	1 273 303
环境规制	工业烟尘去除量	%	3 653	1 616 105	-5 227 373	7. 69e+07	2 607 721
产业结构	第二产业增加值占地区 GDP 比重	%	3 653	48. 940 66	14. 95	90. 97	10. 993
经济增长	人均地区生产总值	万元	3 653	34 320. 49	99	467 749	29 191. 72
科技进步水平	科学技术支出	万元	3 653	50 595	34	4 035 240	26 779. 9
二氧化碳	CO_2	万吨		1 368. 369	812. 862	4 370. 415	490. 670 9
雾霾污染	PM2. 5	微克/立方米	3 653	36. 730	16. 514 77	4. 517 1	90. 856 4

表6.1(续)

变量名称	度量指标与说明	单位	样本	均值	最小值	最大值	标准差
工业“三废”	熵值法加权工业“三废”（废水、SO_2与烟尘）	—	3 653	22.893	-166.640 8	1 144.905	54.104 01
气温	年平均气温	摄氏度	3 653	13.994	-2.609 3	25.556 67	5.488 518
降水量	年平均降水量	毫米	3 653	987.23	48.895 7	2 956.8	504.966 7

6.3 结果分析

6.3.1 工业和生产线服务业集聚与环境污染物基准回归分析

表6.2报告了基准模型（1）至模型（3）的回归结果。从第（1）列结果来看，在控制了一系列城市特征变量以及固定效应后，生产性服务业集聚对碳排放量、雾霾污染与工业“三废”的影响存在异质性，其中生产性服务业集聚与碳排放量呈显著正相关关系，平均而言，生产性服务业集聚规模每上升1%，碳排放量增加0.01%。生产性服务业集聚对雾霾污染和工业“三废”的影响则不显著。

表6.2 工业和生产性服务业集聚与环境污染物：基准回归

模型	(1)	(2)	(3)
集聚类型	生产性服务业集聚		
污染物类型	CO_2	PM2.5	工业“三废”
生产性服务业集聚	0.013 0*** (0.003 12)	0.000 837 (0.005 99)	-0.055 9 (0.055 5)
能源消费量	0.002 54 (0.002 21)	-0.001 21 (0.003 69)	-0.016 0 (0.034 2)
环境规制	0.001 67 (0.001 14)	-0.004 87** (0.001 90)	0.034 1* (0.017 6)

表6.2(续)

模型	(1)	(2)	(3)
第二产业占比	-0.064 6*** (0.013 8)	-0.106*** (0.020 8)	0.164 (0.192)
经济发展水平	0.017 1** (0.007 65)	0.003 45 (0.012 8)	0.025 4 (0.119)
科技投入	0.010 9*** (0.002 76)	-0.025 8*** (0.004 13)	-0.066 0* (0.038 2)
年降水量	-0.023 0*** (0.007 76)	-0.033 5*** (0.012 6)	0.102 (0.116)
年均气温	-0.064 9*** (0.013 7)	0.038 1 (0.025 5)	0.237 (0.236)
常数项	是	是	是
城市效应	是	是	是
时间效应	是	是	是
观测值	2 810	3 653	3 653
调整 R^2	0.797	0.314	0.065

注：***、**和*分别表示在1%、5%和10%的显著水平上显著，括号内的数字为标准差，L.为一期滞后。下同。

基准模型的线性回归结果显示，总体上而言，生产性服务业集聚显著提高了中国碳排放水平，对雾霾污染和工业“三废”的影响不显著。那么是不是生产性服务业集聚在不同集聚模式和层面具有异质性的影响，抑或是只有显著的影响才会在不同区域层面逐渐显现？大量研究发现，Marshall（1890）强调产业在某一区域的专业化集聚将对周边地区产生三种外部效应：劳动力“蓄水池”效应、中间投入品的规模经济效应以及知识溢出效应。专业化集聚程度越高的城市越受益于马歇尔集聚外部性。与之相对应，Jacobs（1969）认为产业间的多样化集聚，不仅能够提供支撑区域发展的多样化中间投入品，而且能够促进知识溢出，提高劳动生产率。多样化集聚水平越高的城市受到的雅各布斯外部性就越大。与制造业集聚类似，生产性服务业集聚也存在专业化集聚和多样化集聚之分（梁琦 等，2014；韩峰 等，2014；席强敏 等，2015）。基于此，本研究还将生产性服务业集聚划分为多样化集聚和专业化集聚，并对此进行了实证检验。

产业集聚的环境效应还与行业内部细分行业性质有关。宣烨和余泳泽

（2014）根据人均产值与技术密集度将生产性服务业中的“金融业”“信息传输、计算机服务和软件业”“科学研究、技术服务和地质勘查业”等定义为高端行业，而将“租赁和商务服务业”“交通运输、仓储和邮政业”“批发和零售业”等定义为中低端生产性服务业。中低端生产性服务业的主要服务对象为劳动和资本密集型制造业，而高端生产性服务业则主要为技术密集型或高端制造业提供服务（席强敏 等，2015）。由于劳动和资本密集型制造业处于价值链中低端，单位产品能耗和碳排放均较高，因而工业内部结构中低端行业占比较大的情况下，生产性服务业集聚对雾霾污染和工业“三废”的“技术外溢效应”“规模经济效应”和“产业结构升级效应”受到了限制。

同时，由于我国东、中、西、东北部城市在地理位置、产业结构、技术发展水平、市场成熟度、基础设施投入、资源禀赋等方面存在差异，导致东、中、西、东北部地区在经济发展层次、速度、水平、结构以及技术吸收能力、政策背景等方面都存在较大差异。由于我国在1950年初期，以“秦岭—淮河为界”来实施北方集中供暖。北方16个省级行政区：北京、天津、河北、河南、山东、山西、宁夏、甘肃、陕西、内蒙古、青海、新疆、西藏、辽宁、吉林、黑龙江统一集中供暖。较多研究发现，我国北方城市的雾霾污染由于供暖、气流等自然气候因素与南方城市的雾霾污染程度具有较大差异（Almond，2009；Chen，2013）。在与环境相关的区域分界方面，《2013年中国环境状况公报》展示出的分布图胡焕庸线与雾霾污染的分界线较为吻合。因此，考察我国东、中、西、东北部地区以及南北地区还有胡焕庸线的东南一侧和西北一侧城市的产业集聚的环境效应的异质性来完善区域化的产业集聚中环境效应的协同治理政策至关重要。本研究接下来的分析仍然基于线性模型来讨论产业集聚对不同环境污染物的平均影响。

6.3.2 环境污染影响空间差异性分析

表6.3回归结果报告了不同模式的产业集聚与环境污染物的区域异质性影响分析，生产性服务业的多样化集聚显著减少了中国大部分地区（中部、西部、南方、北方和胡焕庸线西北侧和东南侧）的碳排放量，但生产性服务业的多样化集聚显著增加了大部分地区（东部、中部、南方、北方和胡焕庸线西北侧）的雾霾污染，以及大部分地区（东部、中部、北方和胡焕庸线西北侧和东南侧）的工业“三废”。其原因可能在于生产性服务业集聚本身便是经济结构调整的重要内容，有助于提高第三产业比重，降低重工业比重。我国长期以来的经济发展模式一直是以投资驱动为主，过分依赖生产要素投入的经济

增长必然形成“高能耗、高污染、低效率”的路径依赖。积极推动生产性服务业集聚和发展，不仅有助于减少生产对能源的刚性需求、控制能源消费快速增长，而且能够提高经济规模，从而降低单位能耗强度和碳排放水平。但生产性服务业的多样化集聚增加了雾霾污染和工业“三废”污染程度，其原因可能在于生产性服务业内部结构中低端行业占比较大、行业配比合理化程度不高的情况下，生产性服务业集聚对雾霾污染和工业“三废”的“技术外溢效应”“规模经济效应”和“产业结构升级效应”受到了限制。

表 6.3　生产性服务业集聚与环境污染物的区域异质性分析

污染物	变量	(1)	(2)	(3)	(4)	(5)	(6)	(7)	(8)
		东部	中部	西部	东北部	南方	北方	胡焕庸线西北侧	胡焕庸线东南侧
二氧化碳	生产性服务业专业化	+	$+^{***}$	$+^{***}$	+	$+^{***}$	$+^{***}$	$+^{*}$	$+^{*}$
	生产性服务业多样化	+	$-^{***}$	$-^{***}$	—	$-^{*}$	$-^{***}$	$-^{*}$	$-^{*}$
雾霾污染	生产性服务业专业化	—	+	+	+	+	+	+	—
	生产性服务业多样化	+ *	+ *	+	+	$+^{***}$	+ *	+ *	—
工业“三废”	生产性服务业专业化	$-^{*}$	$+^{*}$	-	-	$-^{*}$	$+^{*}$	-	$+^{*}$
	生产性服务业多样化	$+^{*}$	$+^{*}$	-	-	+	$+^{*}$	$+^{*}$	+

注：***、** 和 * 分别表示在 1%、5% 和 10% 的显著水平上显著。下同。

6.3.3　环境污染影响机制分析

结合前文关于异质性的结论，我们发现，不同模式的生产性服务业集聚对不同的环境污染物的影响程度和方向具有较大差异，那么生产性服务业集聚环境效应的异质性是否和有偏的绿色技术进步率有关？我们需要检验产业集聚是否可以通过绿色技术进步率来影响中国环境质量。接下来，本小节将从绿色技术进步率的视角来研究产业集聚影响中国环境污染物的传导机制。首先我们采用中介效应模型，对产业集聚中绿色技术生产率进行中介效应检验，考察产业集聚是否通过绿色技术进步率影响环境质量。

本研究采用的中介效应模型通过 CMA 模型运用准贝叶斯蒙特卡洛逼近的方法，仿真得到产业集聚通过绿色技术生产率的传导最后影响到城市政策采纳的中介效应、直接效应和总效应，以及中介效应率（=中介效应/总效应）。表

6.4 和表 6.5 比较全面地展现了在生产性服务业中，绿色技术生产率对环境污染物的因果中介效应。表 6.4 和表 6.5 的第（1）列和第（3）列均显示，生产性服务业在当期对碳排放量、雾霾污染确实产生了显著的影响，而且是在绿色技术进步率的推动下产生的影响。当我们将控制变量同时加入解释生产性服务业的环境效应的 EHA 模型中时，生产性服务业集聚对碳排放量、雾霾浓度和工业“三废”的直接影响和间接影响都是显著的，其中 32.50%的贡献来自省级命令的中介传导机制，而约有 2/3 是中央命令施加于城市政府的直接效应的作用。当绿色技术进步率成为产业集聚对环境影响的重要传导机制后，本小节将继续从绿色技术进步率的视角来研究在不同产业集聚的规模下，绿色技术进步率对工业“三废”、雾霾污染和碳排放影响的门槛效应。

表 6.4　生产性服务业集聚-绿色技术生产率-环境污染物因果中介效应分析

模型	(1)	(2)	(3)
被解释变量	二氧化碳	PM2.5	工业“三废”
生产性服务业集聚	0.109*** (0.007 93)	-0.033 9** (0.015 3)	0.044 4 (0.042 4)
绿色技术进步率水平	0.082 2*** (0.004 14)	0.081 7*** (0.006 73)	-0.600*** (0.092 3)
能源消费量	0.013 1*** (0.002 4)	0.053 5*** (0.004 82)	-0.014 6 (0.018 7)
环境规制	-0.069 7*** (0.021 3)	0.053 5*** (0.004 82)	0.059 7*** (0.013 4)
第二产业占比	0.036 4*** (0.009 53)	0.158*** (0.037 3)	0.134 (0.103)
经济发展水平	0.089 6*** (0.003 75)	-0.246*** (0.017 3)	-0.060 6 (0.047 9)
科技投入	0.089 6*** (0.003 75)	0.070 7*** (0.007 21)	0.009 04 (0.020 0)
降水量	-0.026 5*** (0.008 94)	0.053 7*** (0.016 8)	-0.043 7 (0.046 6)
气温	-0.012 4 (0.009 33)	0.303*** (0.018 3)	0.122** (0.050 7)
常数项	5.027*** (0.112)	1.936*** (0.211)	1.689*** (0.585)
观测值	2 529	3 372	3 372

表6.4(续)

模型	(1)	(2)	(3)
调整 R^2	0.899	0.784	0.886
F 值	419.56	171.36	9.18
平均中介效应	-0.001 48	-0.000 71	-.00 980
直接效应	0.109 18	-0.034 24	0.043 3
总效应	0.107 6	-0.034 9	0.033 5
中介效应率	10.37%	20.02%	36.71%

借助 Hansen 的门槛面板模型，以产业集聚水平为门槛变量设定基本的非线性单门槛模型，确定产业集聚的门槛水平，必须在样本数据存在门槛效应的前提下进行。为此，我们首先对产业集聚对雾霾污染是否存在门槛效应进行检验，并估计具体的门槛水平。根据 Hansen 提出的门槛面板模型，我们利用自举法（bootstrap）得出的 P 值确定产业集聚作为门槛变量的门槛水平。门槛效果自抽样检验结果如表 6.5 所示。我们将工业专业化集聚、多样化集聚和生产性服务业的专业化集聚、多样化集聚作为门槛变量，分别考察绿色技术生产率在不同的集聚水平下对碳排放、雾霾污染和工业“三废”的影响。

当被解释变量为工业“三废”时，我们发现在工业多样化集聚、工业专业化集聚和生产性服务业专业化集聚作为门槛变量时，只有单一门槛模型通过了 10%显著水平检验，表明绿色技术进步率在工业多样化集聚、工业专业化集聚和生产性服务业专业化集聚时对工业“三废”的影响存在单一门槛效应。当生产性服务业多样化集聚作为门槛变量时，只有双重门槛模型通过了 1%显著水平检验，表明绿色技术进步率在生产性服务业多样化集聚时对工业“三废”的影响存在单一门槛效应。

当被解释变量为雾霾污染时，我们发现工业多样化集聚、工业专业化集聚、生产性服务业多样化集聚和生产性服务业专业化集聚作为门槛变量时，只有在工业多样化集聚、工业专业化集聚的单一门槛模型通过了 10%显著水平检验，表明绿色技术进步率在工业多样化集聚、工业专业化集聚时对雾霾污染的影响存在单一门槛效应。

当被解释变量为二氧化碳时，我们发现在工业多样化集聚、工业专业化集聚、生产性服务业多样化集聚和生产性服务业专业化集聚作为门槛变量时，只有单一门槛模型通过了 1%显著水平检验，表明绿色技术进步率在工业多样化集聚、工业专业化集聚、生产性服务业多样化集聚和生产性服务业专业化集聚下对二氧化碳的影响存在单一门槛效应。

表 6.5　绿色技术发展水平的门槛效果自抽样检验结果

污染物	类型	模型	F 值	P 值	门槛估计值	95%置信区间
工业“三废”	生产性服务业专业化集聚	单一门槛效应	14.29	0.078 0	-3.912 0 *	[-4.605 2, -3.506 6]
	生产性服务业多样化集聚	双重门槛效应	24.89	0.000	1.137 8 *** 1.583 1 ***	[1.131 4, 1.141 0]; [1.566 5, 1.587 2]
雾霾污染	生产性服务业专业化集聚	不显著	—	—	—	—
	生产性服务业多样化集聚	不显著	—	—	—	—
二氧化碳	生产性服务业专业化集聚	单一门槛效应	20.00	0.000 0	-1.595 8 ***	[-1.660 3, -1.591 8]
	生产性服务业多样化集聚	单一门槛效应	19.96	0.000 0	1.594 1 ***	[1.559 4, 1.597 8]

表 6.6　生产性服务业专业化与多样化门槛回归结果

变量	工业“三废”	雾霾污染	二氧化碳	工业“三废”	雾霾污染	二氧化碳
生产性服务业专业化集聚	0.486 64 *** (0.000)	—	-0.057 7 *** (0.000)	—	—	—
	0.198 6 *** (0.000)	—	-0.024 8 *** (0.000)	—	—	—
生产性服务业多样化集聚	—	—	—	0.366 09 *** (0.000)	—	-0.024 7 *** (0.000)
	—	—	—	-0.166 75 ** (0.070)	—	-0.057 8 ** (0.000)
	—	—	—	0.384 74 *** (0.001)	—	—
控制变量	控制	—	控制	控制	—	控制
常数项	2.591 7	—	5.760 526	2.712 50	—	5.837 7
F 值	12.08	—	201.75	12.20	—	577.25

当生产性服务业专业化集聚分别处于低集聚水平和高集聚水平时，即生产性服务业专业化集聚小于-3.912 0和大于-3.912 0时，回归系数分别为0.486 6和0.198 6，表明生产性服务业专业化集聚在1%水平下与工业“三废”显著正相关，证明绿色技术生产率在生产性服务业的专业化集聚中对工业“三废”的影响具有负外部性，但随着生产性服务业专业化集聚程度的加深，绿色技术生产率对工业“三废”的负外部性逐渐减弱。当生产性服务业专业化集聚分别处于低集聚水平和高集聚水平时，即生产性服务业专业化集聚分别小于-1.595 8和大于-1.595 8时，碳排放回归系数分别为-0.057 7和-0.024 8，表明生产性服务业专业化集聚在1%水平下与碳排放显著负相关，证明绿色技术生产率对碳排放量的影响具有正外部性。当生产性服务业多样化集聚分别处于低集聚水平、中等集聚水平和高集聚水平时，即工业多样化集聚小于1.137 8、介于1.137 8和1.583 1之间、大于1.583 1时，回归系数分别为0.366 09、-0.166 75和0.384 74，工业多样化集聚在5%水平下与工业“三废”显著正相关，表明绿色技术生产率在生产性服务业多样化集聚过程中对工业“三废”的影响出现负外部性到正外部性和负外部性的波动。当生产性服务业专业化集聚分别处于低集聚水平和高集聚水平时，即生产性服务业专业化集聚小于1.594 1和大于1.594 1时，回归系数分别为-0.024 7和-0.057 8，表明生产性服务业专业化集聚在1%水平下与工业“三废”显著正相关，表明绿色技术生产率在生产性服务业的专业化集聚中对碳排放量的影响具有负外部性，但随着生产性服务业专业化集聚程度的加深，绿色技术生产率对碳排放量的正外部性逐渐增强。其原因可能在于两个方面：一方面，生产性服务业作为一种典型的知识密集型和技术密集型行业，较易形成学习效应（Banga，2005），其空间集聚势必深化和加强绿色环保技术的转移和传播，从而提高企业技术进步水平和劳动生产率（沈能、赵增耀，2014），进而减少集聚区域内碳排放量；另一方面，我们发现生产性服务业更适合多样化集聚模式，多样化的集聚模式对工业“三废”和碳排放的减排更有效，因为相对于多样化集聚，生产性服务业专业化集聚由于结构同质及其在空间上的不断传导，将导致整体规模偏小、低水平重复建设和资源错配等问题，阻碍碳减排和工业“三废”的减排效应有效发挥。

6.3.4 生产性服务业集聚对环境污染影响结论

生产性服务业集聚不仅是最具有经济活力的空间组织形态，也是影响生态环境可持续发展的重要因素。生产性服务业集聚发展对环境质量的影响及其作用机理是各个国家和地方政府在进行产业布局、产业转型升级决策时的重要依据。本研究首次从共同治理的角度考察生产性服务业集聚对大气污染物和温室气体的影响，并从绿色技术进步的视角来诠释中国生产性服务业集聚环境效应的传导机制和异质性影响。其主要结论和启示如下：

生产性服务业集聚是影响中国环境质量的重要因素，工业多样化集聚和专业化集聚对大气污染物和温室气体的影响存在异质性，而且工业多样化集聚有利于实现工业“三废”和二氧化碳的共同治理。在空间维度和行业维度上，胡焕庸线东南侧的工业多样化集聚对减少碳排放和工业“三废”具有较为显著的协同治理效果；而且制造业和电力业的集聚是对碳排放和雾霾污染具有较强协同控制潜力的行业。生产性服务业集聚在绿色技术进步的推动下对碳排放量、雾霾污染和工业“三废”均产生了显著的影响，绿色技术进步在生产性服务业集聚的环境效应中存在显著的中介效应。在工业多样化集聚和专业化集聚中，虽然绿色技术进步对不同的环境指标存在具有异质性的中介传导表现，但绿色技术进步对工业“三废”的影响在两种集聚模式中的作用均为最大。由于绿色技术进步在生产性服务业集聚中存在显著的中介传导机制，在集聚区域内积极提升绿色技术进步率是最大限度发挥产业集聚对大气污染和温室气体协同控制作用的关键所在，并且还可以在积极提升绿色技术进步中提高对细小颗粒物和温室气体的控制水平。

7 研究结论与政策建议

7.1 研究结论

通过研究，我们得到以下结论：

（1）2003—2016年我国PM2.5浓度空间分布相似，浓度较高值集中分布在华北地区，尤其是京津冀地区浓度最高，低值区域主要分布在华南的广东、广西和福建等地，以及西北的甘肃、陕西和内蒙古部分地区。其中，不同时期的变化不一样，2003—2008年PM2.5浓度时空演变，高高聚集范围扩大，低低聚集范围缩小，这个时期我国经济发展进入快速发展通道，以至于忽视环境问题，导致污染加剧；2009—2016年PM2.5浓度时空演变中，高高聚集范围缩小，低低聚集范围扩大，表明我们国家的环境污染有所减缓，这与我们国家发展时期相一致。这个时期在我国经济快速发展的同时，国家越来越重视环境保护问题，加大环境治理，以至于环境问题向好趋势明显。

（2）地理加权回归分析影响因子对PM2.5浓度的影响程度。我们利用LASSO模型对影响变量分析发现，EVI、NPP、降水、风速、水利环境、能源消耗量和粉尘去除量的影响更明显，且无共线性问题。同时依据拟合优度R^2、AICc和残差平方和指标对比分析，地理加权回归模型（GWR）明显优于传统线性回归（OLS）模型，说明地理加权回归模型（GWR）使用更少的参数得到了更接近真实值的回归结果。结果表明：EVI、NPP、降水、风速与PM2.5负相关，水利环境、能源消耗量的影响为正相关。

（3）工业集聚是影响中国环境污染的重要因素，工业专业化集聚显著提高了中国碳排放水平，多样化集聚则显著降低了中国碳排放水平。工业集聚在绿色技术进步的推动下对碳排放量、雾霾污染和工业“三废”均产生了显著的影响，绿色技术进步在工业集聚的环境效应中存在显著的中介效应。在工业多样化集聚和专业化集聚程度不断加深的过程中，绿色技术进步对环境质量的影响均存在显著且单一的门槛效应。

（4）在空间维度和行业维度上，胡焕庸线东南侧的工业多样化集聚对减少碳排放和工业“三废”具有较为显著的协同治理效果，而且制造业和电力业的集聚是对碳排放和雾霾污染具有较强协同控制潜力的行业。生产性服务业集聚在绿色技术进步的推动下对碳排放量、雾霾污染和工业“三废”均产生了显著的影响，绿色技术进步在生产性服务业集聚的环境效应中存在显著的中介效应。在工业多样化集聚和专业化集聚中，虽然绿色技术进步对不同的环境指标存在具有异质性的中介传导表现，但绿色技术进步对工业“三废”的影响在两种集聚模式中的作用均为最大。由于绿色技术进步在生产性服务业集聚中存在显著的中介传导机制，在集聚区域内积极提升绿色技术进步率是最大限度发挥产业集聚对大气污染和温室气体协同控制作用的关键所在，并且还可以在积极提升绿色技术进步中提高对细小颗粒物和温室气体的控制水平。

7.2 政策建议

7.2.1 雾霾治理政策建议

通过对我国 PM2.5 污染时空演化格局及影响因素进行分析，我们发现自然和人文要素对 PM2.5 污染均具有显著的影响效应，且自然因素的作用强度普遍高于人文因素。但从影响机制看，气象条件、植被覆盖等自然要素对 PM2.5 污染主要起到加剧或者弱化的作用，是 PM2.5 污染的外因和触发因子，而人类社会经济活动排放的污染物在环境中积聚叠加所带来的累积效应才是发生 PM2.5 污染的内在根本原因。因此，从 PM2.5 污染频发的社会经济根源着手，严格控制人类活动的污染物排放，实现社会经济和生态环境的协调发展是解决 PM2.5 污染问题的关键。据此，我们提出以下政策建议：

（1）优化产业布局，提高产业集聚效率，减少环境承载压力。政府应对工业集聚进行科学、合理规划，摸清找准集聚外部性发展的最优拐点，指导集聚企业通过多样化外部性的发挥来优化生产、减少污染，最大限度地实现工业集聚和环境保护双赢的目标。

针对行业和区域发展的异质性特征，在集聚区域内实施有针对性的环保节能政策，发展工业集聚区要向“专而精”和“精细化”方向转化，对于专业化水平较高的集聚区，应该对其规模进行一定程度的限制；对于专业化集聚发展程度较低的区域，则应积极促进产业向多样化方向发展。在充分利用工业集聚创造经济效益的同时，积极发挥工业多样化集聚的环境正效益，从工业多样化集聚本身出发，寻找环境与工业协调发展的路径。依靠工业集聚经济正外部性和环境正外部性的发挥，提高集聚效率，减少环境承载压力，最终提高环境质量，实现经济的高质量发展。

（2）构建科技创新平台，提高绿色技术，促进产业集聚与环境协同发展。政府应重点构建科技创新平台，加强联合环保节能行动的实施，探索建立优势互补、利益共享、风险共担的环保创新模式，发挥集聚区域内环保节能的共性技术创新功能，大力开展节能减排技术支持、环保设备和环保材料推广应用、环保核心技术攻关等工作，使生产性服务业集聚提高绿色技术进步的功能得到最大限度的发挥，形成新的增长动力源泉。针对行业和区域发展的异质性特征，在集聚区域内实施有针对性的环保节能政策，如在充分利用生产性服务业集聚创造经济效益的同时，积极发挥生产性服务业多样化集聚的环境正效益，从工业多样化集聚本身出发，寻找环境与工业协调发展的路径。通过提高制造业和电力业的集聚效率，实现生产性服务业集聚的环境效益最大化。

（3）转变经济发展方式，践行低碳绿色经济发展模式。我国经济模式尚未摆脱高能耗、高污染的粗放型经济增长方式，尤其是我国还处于工业化加速发展阶段，污染控制难以保证，短期内经济发展的大气环境压力将不断增大，因而亟须转变传统经济发展方式，培育经济增长新动能，以实现经济增长与大气环境治理的良性互动。首先要加快供给侧结构性改革，以市场经济规律为导向，强调市场在要素配置中的决定性作用，正确发挥政府宏观调控的作用，对传统高污染行业进行绿色化改造，释放过剩低端产能，引导资源向有市场需求的绿色新兴产业流动，既可以减轻环境治理负担，又能实现资源优化配置。其次要推动创新驱动战略，通过加大科技创新投入，加强科研人才队伍建设，构建产学研合作平台，加快科研成果转化应用等途径，将依靠规模要素投入的传统粗放型发展方式向创新驱动的集约发展方式转变，形成新的经济增长引擎，从而有效降低资源消耗和污染排放，实现经济高质量绿色发展。最后要破除唯GDP 增长的政绩观，建全生态环境政绩考核体系，以提高地方政府治理污染、改善生态环境的积极性，促进环境保护与经济增长的协调发展。

（4）实施产业结构优化，合理布局产业多样化和专业化集聚。工业过度重型化是导致部分地区 PM2.5 污染的重要原因，因此，加快产业结构优化升级是从源头治理 PM2.5 污染的有效措施和手段。首先，加快传统产业的提质增效。整合过剩产能，坚决淘汰高污染、低效率的工业企业，推进化工、建材、有色金属、造纸等传统产业生产技术改造升级。其次，发展新兴产业和现代服务业，促进产业结构调整升级。通过集聚创新资源，打造科技创新平台，提升技术转化效率，推动信息产业、节能环保产业、科技服务产业、先进制造业、新能源产业、新材料产业等新兴产业发展，并进一步提升服务业产业比重，转变现代服务业发展模式，完善产业链条，增加产品附加值，促进现代服务业向绿色环保化迈进。最后，科学合理的产业转移可以优化产业空间布局，避免产业过度集聚，从而起到缓解 PM2.5 污染的作用。但产业承接地需警惕产业转移带来的污染转入，避免成为发达地区的“污染避难所”。这就要求一方面建立严格的环保监管机制，提高企业环保准入门槛，限制高污染行业进入；另一方面通过政策和税收优惠手段激励转入企业采用先进的技术、工艺和装备，进行清洁生产技术和治污技术升级。

（5）构建区域协同合作，共同治理环境污染问题。建立区域合作协调机制，实现 PM2.5 污染的联合治理。在大气环境和区际人文要素频繁流动等因素共同作用下，PM2.5 存在显著的空间溢出效应，大气污染物在空间上不断扩散和蔓延，导致 PM2.5 污染区域集聚现象突出。因此，PM2.5 污染防治若仅依靠各城市局部上的单打独斗，注定会因污染物的外溢而徒劳无功。地方政府必须突破现有大气污染防治中属地管理模式的束缚，实现区域协同治理，才能从根本上解决区域性 PM2.5 污染问题。科学界定协同治理的空间范围是进行区域协同治理的前提和基础。依据 PM2.5 污染空间格局及空间集聚分析结果来看，PM2.5 高浓度区集中连片分布在京津冀城市群，且呈现以城市群为核心向周边区域扩散的“中心—外围”空间格局。基于此，在充分考虑科学性和经济性前提下，可在集聚区建立协同治理区。协同治理区域内各地方政府需形成大气环境的利益共同体，实现 PM2.5 污染的联合治理。首先，在协同区域内制定统一的大气污染物排放标准，设定 PM2.5 污染“红线”，对于过线的违法行为进行联合执法与交叉执法，以提升区域大气污染防治措施的实施效果。其次，在协同治理区域内建立大气污染信息沟通与共享机制，对已有的信息交流形式进行整合，形成统一的信息共享平台，为政府制定政策提供科学准确的信息支持。最后，建立利益协调机制，在明确各地 PM2.5 污染治理责任和治理任务的前提下，由污染治理受益方向受损方进行利益补偿，尽可能减少 PM2.5 污染的负外部性影响，实现协同治理区大气污染治理利益和经济发展利益的平衡与协调。

7.2.2 碳减排政策建议

我国已宣布到 2030 年实现碳达峰，到 2060 年实现碳中和目标，并出台了一系列政策措施来积极应对气候变化，以尽早完成碳达峰和碳中和任务。从全产业链生命周期管理的视角出发，碳减排路径包括两方面：第一是源头减排，推动农业、工业、交通、建筑等重点领域的碳减排，以减轻单位 GDP 能源强度；第二是发展碳汇，抵消部分二氧化碳温室气体。

7.2.2.1 节能碳减排手段

我国出台了一系列的政策法规，在提高能源使用效率、促进技术创新、提高公众意识等方面取得了积极成效。从能源系统看，优化结构本身就可以起到二氧化碳减排的作用；减少煤炭、石油、天然气等的开采，当然可以收到碳减排的效果。在能源利用过程中，要提高转化效率、余热回收利用、温度对口、梯级利用，可以一举多得。

节能碳减排同时需要发挥市场的作用和政府的作用。要让企业主动节能，建立长效机制，以降低成本提高企业竞争力，收到节能减污降碳的协同效果。政府要为节能减排创造一个公开、公平、公正的市场环境，以弥补市场失灵。要坚持政府引导、多方共赢、供需匹配的原则，政策供给要贴近企业需求，符合企业节能实际。

7.2.2.2 建立碳循环经济体

碳循环经济是围绕二氧化碳综合利用而开展的经济活动。相关政策文件提出碳循环利用的概念，无论是其他物质还是二氧化碳的循环利用，都是物尽其用。如发展富碳农业，利用碳肥发展大棚种植养殖业，将二氧化碳利用起来，使农产品质量提高。工业生产中排放的二氧化碳也可以变废为宝，如钢铁生产中的焦炉煤气、高炉气加氢可以制成化工产品；发酵行业排放的二氧化碳可以制成食品级的二氧化碳等。

7.2.2.3 实现节能减污降碳的协同发展

2021 年全国生态环境保护工作会议提出，落实减污降碳总要求，对减污降碳协同增效一体部署、一体推进、一体谋划、一体考核，从严从紧从实控制高能耗、高排放项目。虽然能源、环境、气候具有同源性特点，但能源生产和消费的不同环节的碳减排效果不同。如光伏发电是低碳的，但光伏发电材料硅的生产却是高能耗重污染的。电厂脱硫脱硝脱汞是提高大气环境质量的必要措施，污水处理厂达标排放可以让水变清，但都要增加能源消耗。一些地方的做法有悖于节能本意。如果要求能源产地压缩生产，势必影响能源消费地的用能。为完成能源“双控”指标，简单化地给企业分配用电指标，甚至“拉闸限电”难免影响居民正常生活。这样的做法均不科学。科学的做法是上游与下游多方联动，实现节能减污降碳协同发展。

总而言之，要实现碳达峰、碳中和，只有实施全产业链碳减排才能收到最优成效，同时要利用大数据技术等新一代信息技术实施能源管理。例如对重点园区、重点行业、重点企业，建设智慧能源管理平台，挖掘实施监控全产业链的碳排放情况；同时要推动工业、交通、建筑等的智慧化和绿色化，发展分布式能源、微网、储能、电动汽车智能充放电、需求侧响应等，提升能源系统效率，并形成基于能源大数据的节能服务新业态。

参考文献

［1］柳晓琳，杜健敏，黄炎俊，等．声波耦合旋流对转炉一次烟气细颗粒物的去除［J］．中国冶金，2022，32（7）：114-121.

［2］刘浩星，王殿轩，王甜，等．不同温度下小麦感染不同密度玉米象卵后微环境中二氧化碳浓度变化［J/OL］．植物保护，1-11. DOI:10.16688/j.zwbh.2021557.

［3］潘成珂，黄韬，高宏，等．张掖市城区大气细颗粒物 PM2.5 的化学组成及来源解析［J］．环境科学，1-11. DOI:10.13227/j.hjkx.202202199.

［4］王俊松．社交媒体的环境关注能改善空气质量吗？［J］．中国环境管理，2022，14（2）：104.

［5］王嘉宁，李业锦，李怡旻，等．基于地理探测器的京津冀地区制造业集聚对 PM2.5 浓度的影响研究［J］．智库理论与实践，2022，7（2）：141-153.

［6］司晓君，崔佳．中原城市群“三生”用地转型及其生态环境效应［J］．水土保持通报，2022，42（2）：284-290，299.

［7］卢健，闫小娟．我国发射全球首颗主动激光雷达二氧化碳探测卫星［N］．中国气象报，2022-04-19（001）.

［8］肖周燕，李慧慧，孙乐．人口与工业集聚对生产和生活污染的影响及空间溢出［J］．长江流域资源与环境，2022，31（4）：851-861.

［9］兰梓睿．工业集聚对城市群环境效率的空间效应研究［J］．企业经济，2022，41（4）：76-84.

［10］韩立新，逯达．大数据时代我国海洋生态环境法治研究［J］．广西社会科学，2022（4）：102-111.

［11］赵庆杰，胡晓红，张超，等．蒸汽在含有不可溶核和可溶无机盐的细颗粒物表面的核化特性［J］．化工学报，2022，73（7）：3251-3261.

［12］王子峤，李叙勇．基于地理探测器的城市要素对街尘累积和磷污染空间分异影响特征分析［J］．环境科学学报，2022，42（9）：253-268.

［13］王文娟，梁圣蓉，佘群芝. 环境规制与二氧化碳排放：基于企业减排动机的理论和实证分析［J］. 生态经济，2022，38（4）：13-20.

［14］白一飞，张伟荣，刘加平，等. 基于环境库兹涅茨曲线的城市示范区域人均碳排放量预测方法研究［J］. 生态经济，2022，38（4）：35-42，84.

［15］陈雅玲，孙洪坤. 生态环境数字化治理的法治路径［J］. 河北环境工程学院学报，2022，32（3）：50-57.

［16］查玲玲，王薇，谢宇，等. 利用便携式 FTIR 光谱仪研究环境大气中 CO_2 浓度变化［J］. 光谱学与光谱分析，2022，42（4）：1036-1043.

［17］李先波，胡惠婷. 长江流域生态环境修复的困境与应对［J］. 南京工业大学学报（社会科学版），2022，21（1）：76-86，112.

［18］张湘雪，程昌秀，徐成东，等. 基于贝叶斯时空层次模型（BSTHM）和地理探测器法（GeoDetector）对细菌性痢疾的环境风险评估［J］. 环境化学，2022，41（7）：2193-2201.

［19］黄敏. 上海浦东新区城区大气 PM2.5 中水溶性离子污染特征研究［J］. 环境监控与预警，2022，14（2）：70-77.

［20］赖学江，张成，杨艺. 海上平台二氧化碳放空扩散的数值模拟分析［J］. 广州航海学院学报，2022，30（1）：28-34.

［21］崔哲，薛宇，王国华. 产业结构调整对空气质量影响的实证研究：基于“一带一路”沿线国家的面板数据［J/OL］. 经营与管理，1-13. DOI：10.16517/j.cnki.cn12-1034/f.20220325.002.

［22］刘峰，贺敏，杜雪梅，等. 2018—2020 年包头市大气细颗粒物中金属和类金属元素浓度及健康风险评估［J］. 卫生研究，2022，51（2）：239-245，265.

［23］赵国仙，张思琦，王映超，等. N80 钢在 CO_2、H_2S 及其混合介质环境中的腐蚀行为研究［J］. 焊管，2022，45（3）：7-12.

［24］雷佩玉，郑晶利，贾茹，等. 2017—2020 年西安市两城区大气细颗粒物中 4 种水溶性离子污染特征［J］. 卫生研究，2022，51（2）：233-238.

［25］江明选. 阜新市生态环境存在的主要问题及对策建议［J］. 辽宁化工，2022，51（3）：394-397.

［26］张雪，崔向波. 城市大气环境 PM2.5 浓度变化特征及治理研究［J］. 资源节约与环保，2022（3）：45-48.

［27］生态环境部. 2021 年我国单位 GDP 二氧化碳排放指标达到“十四五”序时进度要求［J］. 中国环境监察，2022（Z1）：5.

［28］欧阳玲，马会瑶，王宗明，等. 基于遥感与地理信息数据的科尔沁沙地生态环境状况动态评价［J］. 生态学报，2022，42（14）：5906-5921.

［29］李云涛，王海英，陶犁，等. 京郊乡村旅游地空间分布演化及其影响因素的地理探测［J/OL］. 中国农业资源与区划，1-19. http：//kns. cnki. net/kcms/detail/11. 3513. s. 20220318. 1048. 006. html.

［30］马珩，金尧娇. 环境规制、工业集聚与长江经济带工业绿色发展：基于调节效应和门槛效应的分析［J］. 科技管理研究，2022，42（6）：201-210.

［31］戴维，王美飞，尹明明. 二氧化碳在测定环境空气中含氟化合物的影响研究［J］. 广东化工，2022，49（5）：140-142.

［32］黄喜玲，王凯杰，任钰婷，等. 庆阳市环境空气质量现状及分析［J］. 陇东学院学报，2022，33（2）：68-76.

［33］张樨樨，曹正旭. 长江经济带工业生态效率时空演变及影响因素分析［J］. 长江流域资源与环境，2022，31（3）：493-502.

［34］瞿淼，陈传忠，吴坚，等. 细颗粒物和臭氧协同监测现状与建议［J］. 中国环境监测，2022，38（2）：8-12.

［35］辛文杰，马姜明，王永琪. 基于遥感生态指数的桂林市生态环境质量评价［J/OL］. 广西师范大学学报（自然科学版），1-14. DOI：10. 16088/j. issn.1001-6600. 2021101004.

［36］张兴华，王政，霍鹏，等. 北京怀柔 PM2. 5 中环境持久性自由基及共存健康风险物质的污染特征［J］. 环境化学，2022，41（3）：813-822.

［37］张银晓，刘磊，严沁，等. 燃煤电厂和民用燃煤排放细颗粒物的微观特征及差异［J/OL］. 煤炭学报，1-8. DOI：10. 13225/j.cnki.jccs.PE21. 2035.

［38］赵秀云，李业锦，李倩，等. 产业转型升级与生态环境交互耦合关系定量测度研究：以我国产业转型升级示范区为例［J］. 中国市场，2022（7）：6-10.

［39］段银凤，李重民，田春雨. 细颗粒物（PM2. 5）和臭氧（O_3）的协同治理研究［J］. 安阳工学院学报，2022，21（2）：22-25.

［40］崔国屹，张艳，晁阳，等. 秦岭地区近 40 年土地利用变化及其生态环境效应［J/OL］. 水土保持研究，1-8. DOI：10. 13869/j. cnki. rswc. 20220301. 002.

［41］黎森荣，谢尚果. 海洋生态环境损害法律救济机制之困境与出路：以生态文明为研究视域［J］. 中国国土资源经济，2022，35（6）：10-18.

［42］耿娜娜，邵秀英. 黄河流域生态环境—旅游产业—城镇化耦合协调

研究［J］．经济问题，2022（3）：13-19.

［43］孙伟，刘业凤，沈庭伟，等．多功能二氧化碳热泵热水机实验研究［J］．广州化学，2022，47（1）：64-70.

［44］陈瑞，王煜倩，周兴藩，等．工作场所超细颗粒物暴露评估与风险评估研究进展［J］．中国安全生产科学技术，2022，18（2）：75-80.

［45］褚馨德，贾伟，张峻豪，等．基于RSEI模型的祁连山自然保护区生态环境质量评价［J］．环境监测管理与技术，2022，34（1）：38-42.

［46］陈瑾，马欢欢，程亮，等．生态环境监测能力建设进展与发展对策［J］．环境保护，2022，50（Z2）：37-41.

［47］李娜．人工增雨对大气细颗粒物污染的削弱作用研究［J］．低碳世界，2022，12（2）：53-55.

［48］李杰，刘良佳，周鹏，等．重庆地区封闭式高床羊舍主要环境参数变化研究［J］．黑龙江畜牧兽医，2022（4）：47-52，135.

［49］罗云云，陈适，潘慧．孕期PM2.5暴露对子代出生体重影响的研究进展［J］．生殖医学杂志，2022，31（2）：278-282.

［50］王立芳．畜牧养殖环境污染及对策研究［J］．中国动物保健，2022，24（2）：78-95.

［51］王谦，林寿富，管河山．中国环境经济政策研究的变迁及进展［J］．经济论坛，2022（2）：44-54.

［52］邹聿洋，张延飞，丁木华．江西省新型城镇化与生态环境耦合协调及演变趋势分析［J］．江西科学，2022，40（1）：62-70.

［53］于建红，刘卓莹．快递行业绿色物流生态环境系统模型构建分析［J］．物流工程与管理，2022，44（2）：6-8，13.

［54］吴琳琳，侯嵩，孙善伟，等．水生态环境物联网智慧监测技术发展及应用［J］．中国环境监测，2022，38（1）：211-221.

［55］于敬冉，秦勇．我国生态修复责任的法律性质与规范构造［J］．青岛农业大学学报（社会科学版），2022，34（1）：65-72.

［56］孙金龙．肩负起新时代建设美丽中国的历史使命［J］．中国生态文明，2022（1）：6-10.

［57］查燕，汤婕，阮松林．模拟大气细颗粒物中镉沉降对小白菜的毒性效应研究［J］．植物科学学报，2022，40（1）：96-104.

［58］刘瑞平，魏楠，李国华，等．“双碳”目标下中国土壤环境管理路径研究［J］．环境科学与管理，2022，47（2）：5-8.

［59］刘晓文，肖祖未，刘伟. 矿山地质环境现状分析及其生态保护技术设计研究［J］. 环境科学与管理，2022，47（2）：160-164.

［60］张明哲. 矿山生态环境恢复治理和土地复垦探讨［J］. 华北自然资源，2022（1）：86-88.

［61］宋晓晖，吕晨，王丽娟，等. 建设项目温室气体环境影响评价方法研究［J］. 环境科学研究，2022，35（2）：405-413.

［62］刘柏音，王维，刘孝富，等. 长江流域水环境监测与智慧化管理策略［J］. 中国环境监测，2022，38（1）：222-229.

［63］生态环境部. 11项生态环境监测标准即将实施（2022年3—4月）［J］. 中国环境监测，2022，38（1）：44.

［64］段茂庆，苑飞燕，李欣蕊，等. 特殊区域地表水环境背景值问题及其演变趋势研究［J］. 江西科学，2022，40（1）：104-112.

［65］孙金龙. 从党百年奋斗中汲取智慧和力量　以生态环境保护优异成绩迎接党的二十大召开：在2022年全国生态环境保护工作会议上的讲话［J］. 中国生态文明，2022（1）：14-18.

［66］黄润秋. 凝心聚力　稳中求进　不断开创生态环境保护新局面：在2022年全国生态环境保护工作会议上的工作报告［J］. 中国生态文明，2022（1）：19-29.

［67］王璟. 绘美丽山西画卷　谱绿色三晋篇章：山西生态环境系统助力全方位推动高质量发展综述［J］. 中国生态文明，2022（1）：86-88.

［68］周航彬，刘国杰. 矿山生态环境治理恢复研究：以金华市某废弃石料矿为例［J］. 资源信息与工程，2022，37（1）：104-106.

［69］刘昱，董建锴，姜益强. 住宅室内细颗粒物质量浓度及预测研究［J］. 煤气与热力，2022，42（2）：17-21.

［70］乔海波. 浅谈怀远县细颗粒物与臭氧协同治理的主要对策及成效［J］. 皮革制作与环保科技，2022，3（3）：105-107.

［71］宋闯. 燃料燃烧细颗粒物生成特性研究进展［J］. 环境保护与循环经济，2022，42（2）：40-43.

［72］郭存彪，刘海龙，张宝珠，等. 二氧化碳尾气放空对空分装置的影响［J］. 氮肥与合成气，2022，50（2）：10-12.

［73］耿静，徐栋，吴御豪，等. 海南岛生态环境质量时空变化及其对气候变化与人类活动的响应［J］. 生态学报，2022（12）：1-12.

［74］刘艳博. 江苏省中小企业生态环境评价研究［J］. 江苏商论，2022

（2）：100-103，107.

［75］薛成杰，方战强. 土壤修复产业碳达峰碳中和路径研究［J］. 环境工程，2022，40（8）：231-238.

［76］臧昊琪，侯大伟，杨林军. 湿法脱硫超低排放改造工艺对细颗粒物迁移转化特性影响分析［J］. 热力发电，2022（4）：127-132.

［77］陶飞跃，王焕然，李瑞雄，等. 利用环境再冷的二氧化碳储能热电联产系统及其热力学分析［J/OL］. 储能科学与技术，1-12. DOI：10. 19799/j. cnki.2095-4239. 2021. 0522.

［78］陈东亚，陆罗定，陈耿，等. 丹参酮ⅡA 磺酸钠对环境细颗粒物诱导的大鼠肺部损伤的保护作用［J］. 癌变·畸变·突变，2022，34（1）：25-29，34.

［79］曹军，汪琦，徐政，等. 我国环境空气中温室气体监测技术研究进展［J］. 环境监控与预警，2022，14（1）：1-6.

［80］魏巍，王玮，张玉卿，等. 2021 年青岛市一次 PM2. 5 和沙尘混合空气污染过程分析［J］. 环境监控与预警，2022，14（1）：58-66.

［81］李雅琴，易艳春，祁绩. 中国与东盟贸易开放对环境的影响［J］. 商场现代化，2022（2）：78-80.

［82］段丽军，于金贵，曹金亮，等. 汾河流域矿山生态环境问题现状及治理修复对策［J］. 西部探矿工程，2022，34（2）：169-170.

［83］杨有韦. 百人访谈丨博沃智慧周国龙：人工智能+智慧服务　让生态环境更美好［J］. 大数据时代，2022（1）：22-29.

［84］蔡绍洪，谷城，张再杰. 时空演化视角下我国西部地区人口—资源—环境—经济协调发展研究［J］. 生态经济，2022，38（2）：168-175.

［85］陈淑芬. 生态环境修复法律制度的完善［J］. 湖北开放职业学院学报，2022，35（2）：101-103.

［86］刘丽，郝荣超，孙庆余，等. 河北省畜禽养殖生态环境存在的问题及解决对策［J］. 河北北方学院学报（自然科学版），2022，38（1）：49-52.

［87］刘合祥. 试论林业生态修复与环境保护的关系［J］. 甘肃农业科技，2022，53（1）：22-26.

［88］周树山. 铁路工程环境保护设计现状与展望［J］. 工程建设与设计，2022（2）：43-45.

［89］丁霖，余文梦，竺效. 生态环境损害鉴定评估启动的驱动因素与机制完善：基于 949 个案例的实证研究［J］. 环境科学研究，2022，35（6）：

1519-1526.

[90] 魏浩，卫晓锋，王京彬，等. 河北承德地区土壤硒元素地球化学特征、地质成因及其生态环境评价 [J/OL]. 中国地质，1-19. http：//kns. cnki. net/kcms/detail/11. 1167. p. 20220124. 1651. 002. html.

[91] 魏杰，刘丽娜，马云霞，等. 黄河中下游河南省高质量发展与生态环境耦合协调度时空格局研究 [J]. 河南师范大学学报（自然科学版），2022，50（2）：48-57.

[92] 李恒伟，王庆国. 结球生菜二氧化碳伤害预警指标的初步筛选 [J]. 包装工程，2022，43（7）：35-44.

[93] 姜明栋，周昊，王奇. 生态环境质量对城市经济效率的影响效应研究 [J]. 城市问题，2022（1）：15-22.

[94] 尹煜，徐业，张予琛，等. 基于模糊聚类分析的环境质量监测系统 [J]. 轻工科技，2022，38（1）：78-80，84.

[95] 桑彦庭，廖峰，柳金龙，等. 高原低温条件下边坡加固对高原生态环境影响的技术研究和实践 [J]. 江西建材，2022（1）：212-213，216.

[96] 黄琼. 生态环境监测实验室中的硬件管理 [J]. 中国检验检测，2022，30（1）：60-62.

[97] 舒仕海，任建军，阮毅，等. 基于 AHP 和集对分析法的煤矿生态环境可持续发展评价模型 [J]. 采矿技术，2022，22（1）：204-208.

[98] 赵宗前. 规模化畜牧养殖对生态环境的破坏及防治策略 [J]. 中国畜禽种业，2022，18（1）：69-70.

[99] 本刊编辑部. 全国生态环境保护工作会议召开　确定 2022 年六项重点任务 [J]. 中国环保产业，2022（1）：6-7.

[100] 郭承站. 勇做深入打好污染防治攻坚战，实现"双碳"目标的主力军、生力军：在中国环境保护产业协会媒体座谈会上的讲话 [J]. 中国环保产业，2022（1）：8-10.

[101] 本刊编辑部. 中国环境保护产业协会媒体座谈会在京举行　发布产业成效和发展状况报告　推动产业绿色转型和创新发展 [J]. 中国环保产业，2022（1）：11-12.

[102] 裴春晓. 公民环境治理主体意识的培育和提升对策探析 [J]. 中国集体经济，2022（3）：97-98.

[103] 潘媛媛. 流域水环境保护现状及改善对策 [J]. 资源节约与环保，2022（1）：23-25，33.

［104］张龙. 牛羊养殖环境污染问题与防控措施［J］. 今日畜牧兽医，2022，38（1）：64-65.

［105］张畅. 环境公益诉讼赔偿金的使用制度探析［J］. 财富时代，2022（1）：160-161.

［106］陈真亮. 行政边界区域环境法治的理论展开、实践检视及治理转型［J］. 江西财经大学学报，2022（1）：125-135.

［107］李芳. 宁夏限制开发生态区生态环境与社会经济协同发展研究［J］. 甘肃农业，2022（1）：56-60.

［108］杨青. 大数据技术在生态环境领域的应用综述［J］. 电脑知识与技术，2022，18（3）：23-24.

［109］屈莉莉. 乡村振兴视域下农村人居环境整治问题研究：基于临泉县柳树沟村的调查与思考［J］. 甘肃农业，2022（1）：17-20.

［110］杨小川. 乡村振兴背景下农村人居环境改善路径研究［J］. 居舍，2022（3）：15-17.

［111］魏梦瑶. 豫北地区村庄人居环境整治特色：以汤阴韩庄镇北张贯村为例［J］. 居舍，2022（3）：24-26.

［112］王辅，何倩，王可壮，等. 陇东黄土高原沟壑区关山生态功能服务价值挖掘及其在水土保持生态环境建设规划中的布局［J］. 甘肃农业，2022（1）：90-93.

［113］刘友宾. 生态环境新闻发布：从权威发布、回应关切到价值传播［J］. 环境保护，2022，50（Z1）：22-23.

［114］李杨帆，张雪婷，吴辉煌，等. 基于陆海统筹的流域—海湾水环境测管协同模式研究［J］. 环境保护，2022，50（Z1）：75-79.

［115］本刊编辑部. 构建“大监测”格局　夯实生态环境保护基石［J］. 环境保护，2022，50（Z1）：2.

［116］本刊编辑部. 资讯［J］. 环境保护，2022，50（Z1）：6-7.

［117］本刊编辑部. 中国环境文化促进会2022年全国会员代表大会顺利召开［J］. 环境保护，2022，50（Z1）：74.

［118］罗渝慧. 适需而存：浅析文化环境对角直水乡妇女服饰形成的影响［J］. 西部皮革，2022，44（2）：39-41.

［119］钱靖，汪水兵，张红，等. 2020年安徽省一次典型PM2.5污染过程特征及其成因分析［J］. 低碳世界，2022，12（1）：1-5.

［120］李江丽. 荆州市环境空气质量变化及其影响因素分析［J］. 低碳

世界，2022，12（1）：6-9.

［121］蔡子颖，杨旭，吕妍，等. 基于环境模式 PM2.5 的渤海及其西岸能见度预报技术优化研究［J/OL］. 环境科学学报，1-14. DOI：10.13671/j.hjkxxb.2021.0423.

［122］徐娇，张英磊，冯银厂，等. 我国典型细颗粒物排放源单颗粒质谱特征对比研究［J/OL］. 环境科学学报，1-13. DOI：10.13671/j.hjkxxb.2021.0357.

［123］张鑫，张心灵，袁小龙. 环境规制对生态环境与经济发展协调关系影响的实证检验［J］. 统计与决策，2022，38（2）：77-81.

［124］王晓慧，丛容. 基于 EFE 矩阵的区域产业环境竞争情报分析［J］. 竞争情报，2022，18（1）：12-19.

［125］高美艳，段中强. 生态环境损害赔偿诉讼与环境民事公益诉讼的衔接规定反思［J］. 山西高等学校社会科学学报，2022，34（1）：70-75，80.

［126］吴向辉，鲁珊珊. 生态环境保护工作中的生态环境监测的重要性及改善措施［J］. 科技风，2022（3）：145-147.

［127］刘潭，徐璋勇，张凯莉. 数字金融对经济发展与生态环境协同性的影响［J］. 现代财经（天津财经大学学报），2022，42（2）：21-36.

［128］康京涛. 生态环境损害责任适用之解释论：以《民法典》第 1234 条、第 1235 条为中心［J］. 宁夏社会科学，2022（1）：71-80.

［129］李梅芳. 谈农业经济的发展与农村生态环境保护［J］. 财经界，2022（3）：20-22.

［130］郑玉雯，薛伟贤. 碳中和导向下丝绸之路经济带沿线省份经济发展与生态环境的协同演进研究［J］. 贵州财经大学学报，2022（1）：100-110.

［131］周伟. 跨域生态环境问题多元共治：缘由、困境与突破［J］. 生态经济，2022，38（1）：169-176.

［132］陈美英，林曼婷. 面向美丽乡村建设的农村生态环境保护对策研究：以 ZS 市为例［J］. 农村经济与科技，2022，33（1）：35-37.

［133］郭阳，凡凤仙，张超，等. 氨法脱硫系统排放细颗粒物的异质核化特性［J］. 动力工程学报，2022，42（1）：49-55.

［134］姜建彪，王博，张茵，等. 地面臭氧污染对生态环境的影响建模研究［J］. 环境科学与管理，2022，47（1）：144-147.

［135］李庄，黄懿，刘帆，等. 生态环境分区管控体系落地应用的实践研究与探讨：以湖南省为例［J］. 环境影响评价，2022，44（1）：13-19.

［136］徐子义，冯勇．关于协同推进排污许可制与环境保护税的思考［J］．皮革制作与环保科技，2022，3（1）：149－151．

［137］何玲，鲁哲．环境信用好不好　看看“颜色”就知晓［J］．中国信用，2022（1）：62－63．

［138］郭京梅，刘宏伟，付豪，等．基于WoS与CNKI数据库分析海岸带生态环境研究进展［J］．环境生态学，2022，4（1）：49－58．

［139］李娜．我国政府对京津唐煤矿地区环境问题治理的历史考察［J］．河北师范大学学报（哲学社会科学版），2022，45（1）：25－34．

［140］刘媛，胡梦洁．翻译生态环境视域下的贾平凹《高兴》英译例析［J］．海外英语，2022（1）：3－5．

［141］曹晶潇，陆素芬，齐国翠．应用型人才培养模式下浅析PBL教学法在环境生态学课程中的应用［J］．科技视界，2022（2）：17－19．

［142］曹国志．加快推进生态环境安全治理体系现代化［J］．中国应急管理科学，2022（1）：13－19．

［143］孙佑海，杨帆．环境司法专门化背景下专家陪审员制度研究［J］．中国司法鉴定，2022（1）：1－8．

［144］付乐，迟妍妍，王夏晖，等．黄河保护立法中生态环境管理制度建设的若干思考［J］．环境生态学，2022，4（1）：91－96．

［145］宋晓波．环境执法中存在的问题及对策探讨［J］．皮革制作与环保科技，2022，3（1）：138－140．

［146］叶脉，宋亦心，陈佳亮，等．虚拟治理成本法在环境损害司法鉴定中的应用研究［J］．中国司法鉴定，2022（1）：9－16．

［147］曹永新．汉江生态环境司法保护实践与创新［J］．检察风云，2022（2）：58－60．

［148］赵小翠．水文水资源防洪问题及环境保护措施研究［J］．农业科技与信息，2022（1）：49－51．

［149］王红梅．农村水环境污染现状及治理对策探讨［J］．农家参谋，2022（1）：166－168．

［150］本刊记者．生态环境部印发《企业环境信息依法披露格式准则》［J］．资源再生，2022（1）：3．

［151］本刊记者．生态环境部固管中心全面支撑危险废物电子转移联单实现全国统一办理［J］．资源再生，2022（1）：3－4．

［152］本刊记者．废钢桶资源化利用环境管理暨“低温烘干打磨一体化”

技术研究应用合作签约仪式在京举行 [J]. 资源再生，2022 (1)：4-5.

[153] 冯玲玲. 环境监测质量管理现状及发展策略 [J]. 皮革制作与环保科技，2022，3 (1)：48-50.

[154] 陈浩. 水环境保护区景观生态脆弱性时空特征分析 [J]. 皮革制作与环保科技，2022，3 (1)：57-59，62.

[155] 刘静然，孙崧博. 环境监测在生态环境保护中的作用及发展措施研究 [J]. 皮革制作与环保科技，2022，3 (1)：69-70，73.

[156] 唐绍均，黄东. 生态环境行政管理尽职免责制度的证成与展开 [J]. 中国地质大学学报 (社会科学版)，2022，22 (1)：52-62.

[157] 郭二宝，张一飞，胡浩威，等. 建筑室内健康环境不同过滤单元净化PM2.5 特性研究 [J/OL]. 环境工程，1-10. http：//kns. cnki. net/kcms/detail/11. 2097. X. 20220112. 1127. 006. html.

[158] 叶琪，卢晨晖. 人工智能融入生态环境治理的机理与路径 [J]. 黑龙江生态工程职业学院学报，2022，35 (1)：9-14.

[159] 张润安. 生态环境损害惩罚性赔偿制度的适用与优化：以《民法典》第一千二百三十二条为依据 [J]. 黑龙江生态工程职业学院学报，2022，35 (1)：1-4，72.

[160] 涂敦兰，王莎，刘聪，等. 车内环境监测系统设计与实现 [J]. 电信快报，2022 (1)：15-17.

[161] 黄胜开. 生态环境损害赔偿诉讼的法理辨析与机制协调 [J]. 理论月刊，2022 (1)：119-128.

[162] 孙佑海，张净雪. 生态环境损害惩罚性赔偿的证成与适用 [J]. 中国政法大学学报，2022 (1)：26-37.

[163] 程玉. 我国生态环境损害赔偿制度的理论基础和制度完善 [J]. 中国政法大学学报，2022 (1)：75-90.

[164] 王潇雅. GIS 技术支持下秦岭农村生态环境建设法律问题研究 [J]. 智慧农业导刊，2022，2 (1)：100-103.

[165] 陶鉴峰. 水源区生态环境保护与污染控制分析 [J]. 当代化工研究，2022 (1)：60-62.

[166] 王琪. 我国基层生态环境保护执法问题的研究 [J]. 法制博览，2022 (1)：47-49.

[167] 常溢华，蔡海生. 基于 SRP 模型的多尺度生态脆弱性动态评价：以江西省鄱阳县为例 [J]. 江西农业大学学报，2022，44 (1)：245-260.

［168］邓世凯，高慧. 保护生态环境，发展特色茶乡旅游，助力乡村振兴可持续发展研究：以衡阳市为例［J］. 福建茶叶，2022，44（1）：98-100.

［169］李梦程，李琪，王成新，等. 黄河流域人地协调高质量发展时空演变及其影响因素研究［J］. 干旱区资源与环境，2022，36（2）：1-8.

［170］张建春. 绿色畜牧养殖助力健康生态环境［J］. 现代畜牧科技，2022（1）：61-62.

［171］李冰强，潘婷. 污染环境罪量刑偏轻的成因与对策：基于山西省121个样本案例的实证分析［J］. 晋中学院学报，2022，39（1）：50-57.

［172］张则行，何精华. 黏合剂效应：数字技术对环境政策执行链的修复机制研究：基于剩余信息控制权的分析框架［J］. 湖湘论坛，2022，35（1）：111-120.

［173］李开颜，叶倩，定律. 有色协会与生态环境部进行赤泥综合利用工作交流［J］. 中国有色金属，2022（1）：17-18.

［174］范淼. 共同富裕观视阈下生态文明建设刑法保障的应然定位与未来走向［J］. 河南社会科学，2022，30（1）：73-80.

［175］罗建美，罗建英. “生态环境规划”课程教学中存在的问题及改革探讨［J］. 中国多媒体与网络教学学报（上旬刊），2022（1）：85-88.

［176］余桐.《北京市“十四五”时期生态环境保护规划》出台［J］. 中华建设，2022（1）：19.

［177］孙若玉. 基于“刺猬效应”构建共生型组织生态环境的方略［J］. 领导科学，2022（1）：30-33.

［178］胡振琪，赵艳玲. 黄河流域矿区生态环境与黄河泥沙协同治理原理与技术方法［J］. 煤炭学报，2022，47（1）：438-448.

［179］李新招. 人大监督助力生态文明建设：记龙岩市永定区矿区生态环境整治成效［J］. 福建林业，2021（6）：14-15.

［180］郇庆治. 开辟中国环境政治研究的新境界：曹顺仙教授《中国传统环境政治研究》略评［J］. 南京林业大学学报（人文社会科学版），2021，21（6）：110-112.

［181］吕忠梅. 中国环境法典的编纂条件及基本定位［J］. 社会科学文摘，2021（12）：91-93.

［182］赵永辉，王赟，李生才，等. 西藏泥石流地质灾害及其生态环境效应［J］. 水利规划与设计，2022（1）：85-89.

［183］罗美，林天佳. 基于环境保护大数据的监测与智能诊断探究［J］.

清洗世界，2021，37（12）：122-123.

［184］高美霞. 我国生态环境损害赔偿金使用现状调查研究［J］. 清洗世界，2021，37（12）：149-150.

［185］马迎双. 水利工程生态环境监测与保护措施［J］. 清洗世界，2021，37（12）：106-107.

［186］李春妮. 环境侵权惩罚性赔偿责任条款的法律适用研究［J］. 江西理工大学学报，2021，42（6）：41-47.

［187］邓红川，王龙，黄嗣竣，等. 全自动细颗粒物标准测量系统设计［J］. 中国测试，2021，47（S2）：140-143.

［188］尹岩，郗凤明，王娇月，等. "碳中和"背景下我国矿山生态环境修复研究现状及发展趋势［J/OL］. 化工矿物与加工，1-8. http：//kns. cnki. net/kcms/detail/32. 1492. TQ. 20211229. 2112. 004. html.

［189］李建坤. 加强农村生态环境综合性高效治理的路径研究［J］. 山西农经，2021（24）：132-134.

［190］何宇凡. 红河州近年来环境空气质量状况分析［J］. 环境科学导刊，2021，40（6）：42-45.

［191］任群罗，胡宗哲，杨淋杰，等. 财政分权、政府竞争与区域环境污染：基于新疆空间面板数据的实证研究［J］. 新疆农垦经济，2022（2）：47-57.

［192］杨似玉，闫晓娜，彭靖，等. 郑州市两城区大气 PM2.5 中金属、类金属污染特征及健康风险评估［J］. 山东大学学报（医学版），2021，59（12）：70-77.

［193］孙成瑶，唐大镜，陈凤格，等. 2016—2020 年石家庄市大气 PM2.5 化学成分变化趋势及健康风险评估［J］. 山东大学学报（医学版），2021，59（12）：78-86.

［194］余灏，黄雪梅，易明建. 宣城市一次短时细颗粒物污染成因分析［J］. 安徽建筑大学学报，2021，29（6）：20-26.

［195］孙玉梅，娄泽生，赵成. 2016—2020 年河北省 PM2.5 浓度的时空分布研究［J］. 石家庄铁路职业技术学院学报，2021，20（4）：52-56.

［196］袁鸾，徐伟嘉，岳玎利，等. 广州不同环境空气 PM2.5 中金属元素污染特征与风险评价［J］. 中国环境监测，2021，37（6）：91-100.

［197］徐洁，闫喜凤. 关于萍乡市大气细颗粒物组分分析及来源解析［J］. 江西化工，2021，37（6）：65-68.

［198］任林霞. 基于 SPAMS 监测的某市新城区 PM2.5 来源分析［J］.

山西化工，2021，41（6）：195-197，200.

［199］邱俊杰，靳建辉，任永青，等. 福建汀江流域新石器—青铜时期聚落遗址分布特征及其环境背景［J］. 山地学报，2021，39（6）：791-805.

［200］王建，赵牡丹，李健波，等. 基于 MODIS 时序数据的秦巴山区生态环境质量动态监测及驱动力分析［J］. 山地学报，2021，39（6）：830-841.

［201］赵晓夏，李琼芳，董发勤，等. 细菌 EPS 对 PM2.5 中纳米碳酸钙表面性质的影响研究［J］. 环境科学与技术，2021，44（12）：69-76.

［202］傅莉媛，刘相正，许海萍，等. 辽宁省大气环境脆弱性研究及影响因素分析［J］. 环境科学与技术，2021，44（12）：60-68.

［203］肖茜文. 珠三角城市群产业共聚对经济增长的影响研究［D］. 长春：吉林大学，2021.

［204］尹春苗，张莹，胡文东，等. 成都市 PM2.5 和臭氧交互作用对心脑血管疾病死亡人数的影响研究［J］. 四川大学学报（医学版），2021，52（6）：981-986.

［205］齐天杰，李帅，李海涛，等. 外环境空气细颗粒物对 COPD 大鼠致病影响的研究［J］. 国际呼吸杂志，2021，41（22）：1740-1745.

［206］赵文涛，敖磊. 新余市城区环境空气质量变化趋势分析［J］. 皮革制作与环保科技，2021，2（21）：47-50.

［207］孙平波，蒋金洪. 检测环境 PM 值灰粉尘报系统设计［J］. 装备制造技术，2021（11）：40-42.

［208］张娇，史凯，吴波，等. O_3 与 PM2.5/PM10 多时间尺度相关的多重分形及环境意义［J］. 环境科学与技术，2021，44（11）：25-36.

［209］郑宇宏，鄢艳红. 基于单片机的环境温湿度及 PM2.5 浓度监测仪的设计［J］. 电脑知识与技术，2021，17（32）：104-106.

［210］南平市政府. 南平市人民政府办公室关于印发南平市生态环境准入清单的通知［J］. 南平市人民政府公报，2021（5）：15-91.

［211］田玲玲，蔡奕杉，梁桂宇，等. 基于地理加权回归模型的京津冀地区碳排放相关指标体系构建与影响因素分析［C/OL］//2021 年（第七届）全国大学生统计建模大赛获奖论文集（二）. 2021：2052-2104. https：//cpfd. cnki. com. cn/Article/CPFDTOTAL-GTJX202111002048. htm.

［212］韦小丽. 基于多源数据协同融合的高分辨率 AOD 反演与 PM2.5 浓度估算研究［D］. 上海：华东师范大学，2021.

［213］莆田市人民政府. 莆田市木兰溪流域保护条例［N］. 湄洲日报，

2021-10-28（B04）.

［214］孙友敏，范晶，徐标，等. 省会城市不同功能区大气 PM2.5 化学组分季节变化及来源分析［J/OL］. 环境科学，1-20. DOI：10.13227/j.hjkx.202108061.

［215］孙颖，张佩佩，陈思霞. 工业产业集聚与环境污染治理关系研究：基于环境规制和技术创新的调节作用分析［J］. 价格理论与实践，2021（4）：161-164，171.

［216］谢南，刘馨语，季浩宇，等. 攀枝花市经济发展对环境空气质量的影响［J］. 环境科学导刊，2021，40（5）：52-59.

［217］杨品德，曾敏. 办公楼室内 PM2.5 治理设计分析［J］. 重庆建筑，2021，20（10）：42-45.

［218］刘倩，张锋，赵永钢，等. 2019 年西安市大气 PM2.5 中多环芳烃污染特征及来源分析［J］. 职业与健康，2021，37（20）：2809-2813.

［219］福建省人大. 福建省人民代表大会常务委员会关于批准《莆田市木兰溪流域保护条例》的决定［J］. 福建省人民代表大会常务委员会公报，2021（5）：48-55.

［220］庄依杰，马子健，龙霄翱，等. 超细颗粒物在非对称下呼吸道中沉积效应的数值模拟［J］. 科学通报，2021，66（31）：4054-4064.

［221］熊鸿斌，陈建，张红，等. 合肥市一次重污染过程细颗粒物化学组分特征及成因分析［J］. 环境化学，2021，40（10）：3258-3269.

［222］曾庆瑞，侯茂章. 湖南工业集聚对绿色创新效率影响研究：基于环境规制视角［J］. 中南林业科技大学学报（社会科学版），2021，15（4）：70-77.

［223］王瑛，朱小红，刘强，等. 2017—2019 年苏州市大气主要污染物 PM2.5 与人群死亡风险的关系［J］. 职业与健康，2021，37（20）：2803-2808.

［224］贾卓，杨永春，赵锦瑶，等. 黄河流域兰西城市群工业集聚与污染集聚的空间交互影响［J］. 地理研究，2021，40（10）：2897-2913.

［225］赵志成，单慧媚，赵超然，等. 超细颗粒物的环境行为及其检测技术现状［J］. 科技创新与应用，2021，11（28）：72-74.

［226］刘晓斌，金玲，王萌萌. 浅谈新疆北疆经济带沿线部分城市 2 月大气环境质量［J］. 当代化工研究，2021（19）：105-106.

［227］熊思维，王靖宇，苟益洲，等. 运动环境智能监测系统设计［J］. 电子测试，2021（19）：30-32，23.

[228] 何永忠，刘丽丽，田川，等. PM2.5长期暴露对小鼠骨髓造血内环境的毒性效应及壳寡糖的保护作用［J］. 中国实验血液学杂志，2021，29（5）：1478-1484.

［229］王情，许怀悦，朱欢欢，等. 2015年中国PM2.5相关超额死亡数集成评估［J］. 环境监控与预警，2021，13（5）：45-51.

［230］杨恩佳，彭思毅. 滇西边境城市环境空气质量状况分析［J］. 绿色科技，2021，23（18）：180-182.

［231］王薇，程歆玥. 室内垂直绿墙对环境因子时空分布特征影响［J］. 中国城市林业，2021，19（5）：53-59，82.

［232］张李一，周钰涵，张蕴晖. 妊娠期PM2.5暴露与新生儿胎粪菌群的关联［J］. 环境与职业医学，2021，38（9）：936-943.

［233］孙嘉欣，何杰，余国良，等. 地理环境对青少年收缩压的影响［J］. 宁夏大学学报（自然科学版），2021，42（3）：314-320.

［234］苏玲，高婵婵，曹闪闪，等. 长三角地区空气质量国控环境监测点空间代表性评价：以PM2.5为例［J］. 环境科学学报，2021，41（11）：4377-4387.

［235］马晓妮，任宗萍，谢梦瑶，等. 基于地理探测器的砒砂岩区植被覆盖度环境驱动因子量化分析［J］. 生态学报，2022（8）：1-11.

［236］王丽丽，刘笑杰，李丁，等. 长江经济带PM2.5空间异质性和驱动因素的地理探测［J］. 环境科学，2022，43（3）：1190-1200.

［237］张樨樨，曹正旭，徐士元. 长江经济带工业绿色全要素生产率动态演变及影响机理研究［J］. 中国地质大学学报（社会科学版），2021，21（5）：137-148.

［238］王天正，张美根，韩霄. 秦皇岛2019年冬季重污染过程PM2.5来源数值模拟［J］. 气候与环境研究，2021，26（5）：471-481.

［239］蔡子颖，郝团，韩素芹，等. 2000~2020年天津PM2.5质量浓度演变及驱动因子分析［J］. 环境科学，2022，43（3）：1129-1139.

［240］吕勇斌，王演. 金融科技的环境治理价值：基于中国287个地级市PM2.5的经验分析［J］. 武汉金融，2021（9）：9-20.

［241］胡美娟，李在军，宋伟轩. 中国城市环境规制对PM2.5污染的影响效应［J］. 长江流域资源与环境，2021，30（9）：2166-2177.

［242］李锦萍，熊英莹，宋婷婷，等. 酸化蒸发法对亚微米细颗粒物团聚和脱除性能的影响［J］. 洁净煤技术，2021，27（5）：224-232.

［243］王一旭，孙硕，姚磊. EKC视角下京津冀PM2.5时空差异及驱动

研究［J］. 湖南师范大学自然科学学报，2021，44（5）：11-18.

［244］裴宇，朱英明，王念. 空气污染、行业效率与工业集聚研究［J］. 生态经济，2021，37（9）：176-184，222.

［245］李卫霞，刘晓霞，陈剑华，等. PM2.5 抑制 PHA 诱导的人外周血 T 细胞转化作用［J］. 现代免疫学，2021，41（5）：397-401.

［246］丁高峰，郭雷鸣，柯少瑞，等. 大气细颗粒物 PM2.5 介导氧化应激对人角质形成细胞 HaCaT 凋亡的影响［J］. 中国皮肤性病学杂志，2021，35（11）：1238-1243.

［247］朱红霞，覃晓媚，薛荔栋，等. 京津冀及周边六城市环境空气 PM2.5 中高氯酸盐的分布特征及健康风险评价［J］. 环境化学，2021，40（9）：2762-2767.

［248］汪亚琴，姚顺波，侯孟阳，等. 基于地理探测器的中国农业生态效率时空分异及其影响因素［J］. 应用生态学报，2021，32（11）：4039-4049.

［249］李丹，伦小秀，邸林栓，等. 秦皇岛市大气 PM2.5 中一元羧酸的污染特征及来源分析［J］. 环境科学研究，2021，34（11）：2579-2587.

［250］刘超，金梦怡，朱星航，等. 多尺度时空 PM2.5 分布特征、影响要素、方法演进的综述及城市规划展望［J］. 西部人居环境学刊，2021，36（4）：9-18.

［251］程珍，魏海川，唐松，等. 2020 年遂宁市城区环境空气质量分析［J］. 绿色科技，2021，23（16）：85-88，92.

［252］周兴业，周传飞，李晨薇，等. 大气细颗粒物金属组分对呼吸系统损害的研究进展［J］. 赣南医学院学报，2021，41（8）：851-857.

［253］蒋慧丽. 衡阳市 2018—2020 年细颗粒物时空分布特征［J］. 低碳世界，2021，11（8）：59-60.

［254］农兰萍，王金亮，玉院和. 基于改进型遥感生态指数（MRSEI）模型的滇中地区生态环境质量研究［J］. 生态与农村环境学报，2021，37（8）：972-982.

［255］贾海文，刘静静. 西安市 PM2.5 浓度的影响因素分析［J］. 能源与环保，2021，43（8）：75-80.

［256］陈宣强，赵明松，徐少杰，等. 基于多尺度地理加权回归的安徽省土壤 pH 值预测［J］. 河南科技，2021，40（24）：113-115.

［257］徐俊磊，许淑惠，王曦，等. 细颗粒物电凝并实验与拓展研究［J］. 实验技术与管理，2021，38（8）：173-178.

［258］张宁，田硕，林桦，等. 细颗粒物 PM2.5 对大鼠 IL－10、IL－22 表达的影响及百令胶囊的干预作用［J］. 疑难病杂志，2021，20（8）：831-835.

［259］仇维岳，沈杰. 杭州沿河住宅小区冬季室外 PM2.5 实测与分析［J］. 建筑与文化，2021（8）：183－184.

［260］肖黎明，于翠凤. 中国绿色文旅融合发展的时空特征及影响因素分析［J］. 生态经济，2021，37（8）：118－125.

［261］李旭东，黄磊. 武汉市城区 PM2.5 重金属元素源解析变化［J］. 湖北工业大学学报，2021，36（4）：74－78，90.

［262］许敏. 中国长三角地区 PM2.5 时空分布数值模拟研究［J］. 气象与环境学报，2021，37（4）：33－39.

［263］吕玉容，梁敏聪. 离子色谱法测定环境空气 PM2.5 中水溶性阳离子［J］. 江西化工，2021，37（4）：83－86.

［264］郑裕俊. 环境空气监测中 TSP、PM10、PM2.5 的监测总结［J］. 山西化工，2021，41（4）：230－232.

［265］王敏，韩美，陈国忠，等. 基于地理探测器的 A 级旅游景区空间分布变动及影响因素：以山东省为例［J］. 中国人口·资源与环境，2021，31（8）：166－176.

［266］李文静，张美云，万博宇，等. 北京市朝阳区大气 PM2.5 中多环芳烃的污染特征及健康风险评估［J］. 职业与健康，2021，37（16）：2235－2238，2242.

［267］赵禾苗，阿里木江·卡斯木. 基于地理探测器的喀什市地表热场空间分异及影响因素分析［J］. 生态与农村环境学报，2022，38（2）：147－156.

［268］吴遵杰，巫南杰. 工业集聚对城市绿色创新效率的影响：基于粤港澳大湾区 9 个城市的实证检验［J］. 科技管理研究，2021，41（15）：215－226.

［269］李贝歌，胡志强，苗长虹，等. 黄河流域工业生态效率空间分异特征与影响因素［J］. 地理研究，2021，40（8）：2156－2169.

［270］刘畅，胡尚春，唐立娜. 寒地校园植物群落对大气细颗粒物浓度的消减作用［J］. 生态学报，2021，41（15）：6227－6233.

［271］黄春桃，林锦眉，张馨予. 2016—2020 年珠三角地区 PM2.5 时空变化特征分析［J］. 山东化工，2021，50（15）：263－265，269.

［272］张章，孙峰，李倩，等. 2013—2018 年北京市 PM2.5 污染波动特征研究［J］. 环境监控与预警，2021，13（4）：33－39.

［273］黄河仙，丁华，殷芙蓉，等. 利用 SPAMS 研究长沙市秋季 PM2.5

化学组成及来源 [J]. 环境监控与预警, 2021, 13 (4): 40-46.

[274] 戚月, 王磊黎, 单龙, 等. 盐城市秋冬季节 PM2.5 污染特征及来源分析 [J]. 环境监控与预警, 2021, 13 (4): 47-53.

[275] 王正, 郝赫莉, 王晓彤, 等. 慢性阻塞性肺疾病急性加重期患者血清对 PM2.5 所致 MH-S 细胞炎症的影响及 salubrinal 的作用 [J]. 中国病理生理杂志, 2021, 37 (7): 1277-1282.

[276] 廖晋一, 苏涛. 基于生态环境状况指数的合肥市生态环境质量评价 [J]. 河南科技, 2021, 40 (21): 102-105.

[277] 王萌. PM2.5 防护纱窗研究进展 [J]. 纺织科技进展, 2021 (7): 4-6.

[278] 杨香林, 李维军. "十三五" 期间石河子市环境空气质量变化趋势及改善对策分析 [J]. 山东化工, 2021, 50 (14): 260-261, 264.

[279] 孟聪申, 刘静怡, 刘悦, 等. 2018 年中国五城市大气细颗粒物暴露所致人群超额死亡风险评估 [J]. 卫生研究, 2021, 50 (4): 593-599.

[280] 刘凯多, 陈振宇, 袁洪喜, 等. 基于机器视觉的学习环境及状态监测装置 [J]. 电子制作, 2021 (14): 66-67, 75.

[281] 田硕, 张宁, 牛姝, 等. N-乙酰半胱氨酸对 PM2.5 致大鼠睾丸毒性的保护作用 [J]. 河北医科大学学报, 2021, 42 (7): 754-758, 778.

[282] 刘宏祥, 朱春红, 宋卫涛, 等. 规模化笼养蛋鸭舍内环境气体分布规律及变化趋势 [J]. 中国家禽, 2021, 43 (7): 76-81.

[283] 温娜. 沈阳大气污染物与二氧化碳协同减排效应分析 [J]. 品牌与标准化, 2021 (4): 60-64.

[284] 杨欢, 张雪凝, 王楠. 二氧化碳强化再生混凝土骨料在路基中的应用研究 [J]. 科学技术创新, 2021 (21): 130-131.

[285] 杨冬, 王丽峰, 张颖, 等. 二氧化碳气腹环境对裸鼠卵巢癌移植瘤中 Beclin1 表达的研究 [J]. 黑龙江医学, 2021, 45 (13): 1367-1370, 1373.

[286] 张润松, 欧晓阳. 2014—2019 年嵊州市 PM2.5 污染特征和健康影响 [J]. 中国卫生检验杂志, 2021, 31 (13): 1644-1646.

[287] 杜心宇, 胡希军, 金晓玲, 等. 基于地理探测器的湖南新石器时期聚落遗址人居环境适宜度评价 [J]. 地球环境学报, 2021, 12 (3): 269-278.

[288] 吴倩兰, 雷景铮, 王利军. 大学校园室内环境 PM2.5 中 PAEs 污染特征及暴露风险 [J]. 环境科学研究, 2021, 34 (10): 2525-2535.

[289] 李晨, 向勇, 王榕腾, 等. X80 钢在含烟道气杂质的超临界 CO_2

饱和水相环境中腐蚀行为研究［C/OL］//第十一届全国腐蚀与防护大会论文摘要集. 2021：697. https：//cpfd. cnki. com. cn/Article/CPFDTOTAL - ZGFE202107001410. htm.

［290］郭庆皓，陈魁. 南京环境空气质量特征及变化分析［J/OL］. 南京信息工程大学学报（自然科学版），https：//www. cnki. com. cn/Article/CJFDTotal-NJXZ20210630000. htm.

［291］李理，赵芳，朱连奇，等. 淇河流域生态系统服务权衡及空间分异机制的地理探测［J］. 生态学报，2021，41（19）：7568-7578.

［292］马彦瑞，刘强. 工业集聚对绿色经济效率的作用机理与影响效应研究［J］. 经济问题探索，2021（7）：101-111.

［293］周少磊，刘波. 北京市通州区监测点 2016—2018 年 PM2. 5 中重金属元素污染特征及健康风险评价［J］. 包头医学院学报，2021，37（6）：49-52，55.

［294］廖茂. 贸易开放对中国二氧化碳排放的影响研究［D］. 成都：四川大学，2021.

［295］李亚楠. 新疆 2001—2020 年 NDVI 时空特征及其对环境因子响应研究［D］. 乌鲁木齐：新疆大学，2021.

［296］杨玉燕. 典型城市住宅居室 PM2. 5 现状及其影响因素［D］. 北京：中国疾病预防控制中心，2021.

［297］安克丽. 市售光散射法 PM2. 5 检测仪的性能评估及模型校准［D］. 北京：中国疾病预防控制中心，2021.

［298］路正南，罗雨森. 空间溢出、双向 FDI 与二氧化碳排放强度［J］. 技术经济，2021，40（6）：102-111.

［299］赵号，郭继峰，张龙镇，等. 嵌入式自然空气负离子与 PM2. 5 作用特性实验装置［J］. 洛阳理工学院学报（自然科学版），2021，31（2）：35-41，48.

［300］杨晓宇，邢蕊，谢晓辉. 管线钢摩擦焊接头在饱和 CO_2 环境中的电化学腐蚀性能研究［J］. 新技术新工艺，2021（6）：50-56.

［301］郭亭山，梁志远，王鹏，等. 高温 CO_2 环境下表面划痕对耐热钢 T92、TP347H 和 TP347HFG 腐蚀行为的影响［J］. 西安交通大学学报，2021，55（9）：121-132.

［302］田甲春，田世龙，李守强，等. 低 O_2 高 CO_2 贮藏环境对马铃薯块茎淀粉-糖代谢的影响［J］. 核农学报，2021，35（8）：1832-1840.

［303］中央电视台财经频道记者. 既能喝又能用！二氧化碳商业价值巨大！这些领域大有“钱”途［J］. 企业观察家，2021（6）：50-51.

[304] 李想. 锡林河流域不同类型水体有机碳与逸出二氧化碳稳定同位素研究 [D]. 呼和浩特：内蒙古大学，2021.

[305] 邢嘉颖. 二氧化碳减排政策对中国经济与环境的影响研究 [D]. 太原：山西财经大学，2021.

[306] 薛佳文. 基于地理加权回归模型的出租车出行分布特征与城市建成环境相关性研究 [D]. 北京：北京交通大学，2021.

[307] 于跃. 中国电力行业二氧化碳与大气污染物协同减排的发展路径研究 [D]. 太原：太原理工大学，2021.

[308] 刘志伟. 近海底二氧化碳中红外原位探测系统的研制及应用 [D]. 长春：吉林大学，2021.

[309] 盛瑜琪. 氧气二氧化碳环境中正庚烷的着火特性研究 [D]. 北京：北京建筑大学，2021.

[310] 肖璐. 蒸发冷却空调系统对新风中粒子及室内环境影响研究 [D]. 太原：太原理工大学，2021.

[311] 汪冉. 地理环境因素对中国肺癌发病的影响研究 [D]. 银川：宁夏大学，2021.

[312] 夏栋林，仇昀，王乡儿，等. 低浓度含铅细颗粒物暴露大鼠体内生物转运研究 [J]. 中国无机分析化学，2021，11（3）：12-17.

[313] 周月，谭鸥，张晗，等. 大气环境中细颗粒物 PM2.5 的研究进展 [J]. 中国资源综合利用，2021，39（5）：90-93.

[314] 杨丹丹. 临汾市大气环境容量与 PM2.5 达标优化控制策略研究 [D]. 南京：南京大学，2021.

[315] 高雪倩，吴建会，张会涛，等. 路边微环境 PM2.5 化学组分特征及来源解析 [J]. 中国环境科学，2021，41（11）：5086-5093.

[316] 陈晖，卫雅琦，尚晓娜，等. 华北农村冬季细颗粒物元素组分的特征及来源 [J]. 中国环境科学，2021，41（11）：5027-5035.

[317] 李琳，成金华，刁贝娣. 环境吸收能力对中国 PM2.5 浓度的影响 [J]. 中国人口·资源与环境，2021，31（5）：77-87.

[318] 赵银银，邱娴娴，肖跃海，等. PM2.5 对男性生殖系统的影响研究进展 [J]. 实用医学杂志，2021，37（9）：1222-1226.

[319] 陈齐. 空气污染（PM2.5）对于中老年人医疗费用支出的影响 [D]. 济南：山东大学，2021.

[320] 赵孝囡. 2016 年与 2018 年郑州市 PM2.5 组分特征与来源解析

[D]. 郑州：郑州大学，2021.

[321] 黎洁. 保定市冬季细颗粒物中有机组分污染特征与来源解析 [D]. 贵阳：贵州大学，2021.

[322] 张梦娇. 中国中部和东部地区 PM2.5 污染健康风险评估及河南省 PM2.5 区域传输特征研究 [D]. 郑州：郑州大学，2021.

[323] 夏艺. 大气细颗粒物（PM2.5）暴露大鼠肺部微结构改变的影像研究 [D]. 上海：中国人民解放军海军军医大学，2021.

[324] 叶鑫. 宝鸡市城区环境空气质量时空变化特征 [D]. 西安：西北农林科技大学，2021.

[325] 曾晖娴. circ_ 010009 在 PM2.5 诱导小鼠多器官 DNA 损伤中的作用及机制研究 [D]. 广州：广州医科大学，2021.

[326] 周纪彤. 便携式移动源超细颗粒物粒径谱仪的研制及应用 [D]. 合肥：合肥工业大学，2021.

[327] 李雅男. 陕西省退耕还林对 PM2.5 的影响研究 [D]. 西安：西北农林科技大学，2021.

[328] 陈羽阳，王婧，赵聆言，等. 城市公园绿地对周边环境空气 PM10 和 PM2.5 的影响及效应场特征：以武汉市中山公园为例 [J]. 生态学杂志，2021，40（7）：2263-2276.

[329] 曾晨，黄珊，吴代赦，等. 南昌地铁细颗粒物金属元素特征及其来源解析 [J]. 南昌大学学报（理科版），2021，45（2）：168-175.

[330] 张诚. 临港工业区 PM2.5 污染特征分析及基于穷举法的 CMB 来源解析 [D]. 杭州：浙江大学，2021.

[331] 赵帝，卞思思，王帅，等. 沈阳市分季节环境空气 PM2.5 组分特征分析与来源解析 [J]. 环境保护科学，2021，47（2）：128-135.

[332] 刘传江，向晓建，李雪. 人力资本积累可以降低中国二氧化碳排放吗：基于中国省域人力资本与二氧化碳排放的实证研究 [J]. 江南大学学报（人文社会科学版），2021，20（2）：76-88.

[333] 赵永刚. 含 Cr 钢在粉砂-CO_2 环境中腐蚀机理研究 [D]. 北京：北京科技大学，2021.

[334] 薛栋. 液态二氧化碳在煤层内流动过程数值模拟及增透作用研究 [D]. 徐州：中国矿业大学，2021.

[335] 郭嘉琦. 金融发展对我国环境质量的影响研究 [D]. 兰州：兰州交通大学，2021.

［336］吴佼. 中国建筑业二氧化碳边际减排成本时空分布及其影响因素研究［D］. 西安：长安大学，2021.

［337］魏兆博. 超临界二氧化碳辅助制备二维非晶氧化钼纳米片及其光电性质研究［D］. 郑州：郑州大学，2021.

［338］赖丹. 一维超微孔 MOFs 材料孔径调控与 CO_2/CH_4 吸附动力学研究［D］. 杭州：浙江大学，2021.

［339］邢庆会，上官魁星，廖国祥，等. 辽河口芦苇湿地净生态系统 CO_2 交换及其环境调控［J］. 海洋环境科学，2021，40（2）：228-234.

［340］李术艺，冯旗，董依然. 地质封存二氧化碳与深地微生物相互作用研究进展［J］. 微生物学报，2021，61（6）：1632-1649.

［341］陈醒，徐晋涛. 化工企业污染物影子价格的估计：基于参数化的方向性距离函数［J］. 北京大学学报（自然科学版），2021，57（2）：341-350.

［342］徐欢欢，张军，张园园. CO_2 体积分数对燃煤细颗粒物在水汽环境中凝结长大的影响［J］. 发电设备，2021，35（2）：75-81.

［343］李红琴，张亚茹，张法伟. 青藏高原高寒矮蒿草草甸生长季 CO_2 通量的环境调控特征［J］. 科技视界，2021（8）：181-182.

［344］何清云. 郑州市 PM2.5 中环境持久性自由基的污染特征、形成机制及生物毒性研究［D］. 郑州：郑州大学，2021.

［345］尕藏程林. 基于投入产出方法对中国西北地区二氧化碳排放和影响的分析［D］. 兰州：兰州大学，2021.

［346］田娣. 宁夏农村地区人群空气细颗粒物暴露与肺功能下降的关联研究［D］. 银川：宁夏医科大学，2021.

［347］赵小曼，张帅，袁长伟. 中国交通运输碳排放环境库兹涅茨曲线的空间计量检验［J］. 统计与决策，2021，37（4）：23-26.

［348］么艳鑫，王颖，佟俊旺. 唐山市大气 PM2.5 引起居民健康危害的经济学评价［J］. 现代预防医学，2021，48（4）：623-627.

［349］李盛，王金玉，李普，等. 兰州市某工业区大气 PM2.5 中多环芳烃污染特征及健康风险评估［J］. 环境与职业医学，2021，38（2）：137-141.

［350］陈东亚，赵荣，陈新霞，等. 丹参酮ⅡA 磺酸钠对环境细颗粒物所致大鼠肺部炎性损伤的影响［J］. 环境与职业医学，2021，38（2）：152-156.

［351］张瑾，薛彩凤，温彪，等. 浅谈 PM2.5 的危害及我国的控制历程与经验［J］. 环境与可持续发展，2021，46（1）：109-114.

［352］李韵谱，刘喆，唐志刚，等. 北京市某城区冬季细颗粒物中多环

芳烃的人群健康风险评估［J］．中国预防医学杂志，2021，22（2）：98-104.

［353］王月平．煤化工工艺中二氧化碳排放与减排分析［J］．化工管理，2021（5）：41-42.

［354］陆依然，李伊凡，林明贵，等．新型冠状病毒性肺炎疫情下综合医院发热门诊环境监测与感染控制［J］．科学通报，2021，66（Z1）：475-485.

［355］郭阳．高浓度二氧化碳有损肺部发育［J］．科学大观园，2021（3）：7.

［356］刘明月．我国大气细颗粒物中水溶性离子的研究进展［J］．清洗世界，2021，37（1）：119-122.

［357］李慧明，钱新，冷湘梓，等．南京市PM2.5中金属元素污染特征及健康风险［J］．环境监控与预警，2021，13（1）：7-13.

［358］孔芳霞，刘新智．长江上游地区新型城镇化与工业集聚质量协调发展［J］．城市问题，2021（1）：19-27.

［359］林敏．多气源环境下长输管道天然气质量控制探讨［J］．中国检验检测，2021，29（1）：45-48.

［360］王茜雯，王磊磊，吴昊，等．脱硫净烟气降温冷凝促进WFGD系统后次生细颗粒物的脱除［J］．中南大学学报（自然科学版），2021，52（1）：303-312.

［361］陈天一，陈非儿，王侃，等．上海市区老年人群细颗粒物个体暴露评估及其影响因素［J］．环境与职业医学，2021，38（1）：1-9.

［362］孙金龙．持续改善环境质量［J］．中国环境监察，2021（1）：15-17.

［363］李欣悦，张凯山，武文琪，等．成都市城区大气细颗粒物水溶性离子污染特征［J］．中国环境科学，2021，41（1）：91-101.

［364］黄磊．产业集聚提升了长江经济带城市工业绿色发展效率吗？［J］．湖北大学学报（哲学社会科学版），2021，48（1）：115-125.

［365］倪萍萍，王建民．长三角地区工业集聚对环境效率影响的实证研究［J］．城市学刊，2021，42（1）：27-31.

［366］王雨霏．雾霾环境下高浓度PM2.5颗粒物对运动人体心肺功能影响研究［J］．环境科学与管理，2021，46（1）：63-67.

［367］郑兆庆．大气细颗粒物PM2.5的污染特征及防治对策［J］．皮革制作与环保科技，2021，2（1）：57-59.

［368］孙金龙．深入打好污染防治攻坚战　持续改善环境质量［J］．环境保护，2021，49（1）：8-10.

［369］李娜，魏鑫，周宇峰，等. 长春市大气环境 PM2.5 中多环芳烃的来源解析及健康风险评价［J］. 科学技术与工程，2021，21（1）：410-416.

［370］江苏省生态环境局. 江苏省水污染防治条例［N］. 新华日报，2021-01-04（010）.

［371］张瑞. 基于水汽相变的细颗粒物/SO_3 酸雾高效脱除研究［D］. 南京：东南大学，2021.

［372］黎阳明，闫琨，王剑敏，等. 利用 SPAMS 分析保山市细颗粒物的理化特征及来源［J］. 河北工业科技，2021，38（1）：71-76.

［373］生态环境部科技与财务司，中国环境保护产业协会. 水污染治理行业 2019 年发展报告［R/OL］//中国环境保护产业发展状况报告（2020）. 2020：16-29. http：//www. 199it. com/archives/1274022. html.

［374］刘元玲，王颖婕，廖茂林. 工业集聚与能源效率的空间相关性研究：基于省际动态空间面板数据的实证研究［J］. 城市，2020（10）：36-48.

［375］姚成胜，曹紫怡，韩嫒嫒. 工业集聚、人口城镇化、土地城镇化与环境污染［J］. 地域研究与开发，2020，39（5）：145-149.

［376］高坤，张冰倩，张诗凝. 2019 年长江经济带产业发展问题研究新进展［J］. 长江大学学报（社会科学版），2020，43（5）：94-101.

［377］本刊记者.《重庆水污染防治条例》自 2020 年 10 月 1 日起施行［J］. 中国氯碱，2020（8）：48.

［378］舟山市人民政府办公室. 舟山市人民政府关于印发舟山市“三线一单”生态环境分区管控方案的通知［J］. 舟山市人民政府公报，2020（7）：6-7.

［379］重庆市环境保护局. 重庆市水污染防治条例［N］. 重庆日报，2020-08-13（013）.

［380］魏宗财，甄峰，莫海彤，等. 基于地理加权回归的中心城区共享单车出行特征及影响因素研究：以广州为例［J］. 地理科学，2020，40（7）：1082-1091.

［381］本刊编辑部. 资讯［J］. 环境保护，2020，48（15）：6-7.

［382］黄玲燕. 杭绍甬经济带工业用地时空演变与绩效评价研究［D］. 杭州：浙江大学，2020.

［383］崔立志，陈秋尧. 城市产业集聚与环境污染：门槛特征和空间溢出：来自城市面板数据的实证分析［J］. 长春理工大学学报（社会科学版），2020，33（4）：83-91.

［384］田钰. 工业专业化、多样化集聚对生态效率的影响研究［D］.

太原：山西财经大学，2020.

[385] 李成宇. 中国工业绿色发展质量测度及影响因素研究 [D]. 济南：山东科技大学，2020.

[386] 丁银盈. 环境规制背景下污染密集型企业成本影响因素研究 [D]. 郑州：河南大学，2020.

[387] 杨芳宇. 基于土地绩效评价的中国陶瓷谷方案优化研究 [D]. 沈阳：沈阳建筑大学，2020.

[388] 李亮. 环境规制对企业集聚的影响研究 [D]. 南昌：江西财经大学，2020.

[389] 薛书平. 环境规制对工业集聚影响的空间效应分析 [D]. 济南：山东大学，2020.

[390] 张静，刘涛. 福建省产业集聚与生态环境问题实证分析 [J]. 北京印刷学院学报，2020，28 (5)：102-105.

[391] 丁斐，庄贵阳，刘东. 环境规制、工业集聚与城市碳排放强度：基于全国282个地级市面板数据的实证分析 [J]. 中国地质大学学报 (社会科学版)，2020，20 (3)：90-104.

[392] 李璐，殷乐宜，牛浩博，等. 基于贝叶斯模型的地下水风险源污染概率估计方法研究 [J]. 环境科学研究，2020，33 (6)：1322-1327.

[393] 陈喆. 长三角工业空间结构的环境污染效应研究 [D]. 大连：大连理工大学，2020.

[394] 焦科文. 政府地价干预影响工业集聚对环境效率作用的研究 [D]. 南京：南京农业大学，2020.

[395] 余玉冰. 我国省会城市第三产业集聚对环境效率的影响研究 [D]. 成都：成都理工大学，2020.

[396] 崔琴芳，杨耘，刘艳，等. 基于混合地理加权回归的复杂地形降水量插值 [J]. 甘肃科学学报，2020，32 (2)：21-26.

[397] 徐成龙，庄贵阳. 基于环境规制的环渤海地区工业集聚对生态效率的时空影响 [J]. 经济经纬，2020，37 (3)：11-19.

[398] 郑梦琳. 中国重点城市群工业集聚对雾霾污染的影响研究 [D]. 广州：华南理工大学，2020.

[399] 林鹏飞，翁剑成，胡松，等. 基于地理加权回归的共享单车需求影响因素分析 [J]. 交通工程，2020，20 (2)：65-72.

[400] 肖娜. 网络环境下城市轨道交通车站客流波动特征研究 [D].

西安：长安大学，2020.

［401］阎晓，田钰，李荣杰. 资源型地区工业集聚对生态效率的影响：基于我国9个典型资源型省份的实证研究［J］. 应用生态学报，2020，31（6）：2039-2048.

［402］杨亮亮. 中国省域工业集聚对雾霾污染的影响研究［D］. 兰州：兰州大学，2020.

［403］吴署生. 城市双修视角下产业园区规划建设策略研究［D］. 荆州：长江大学，2020.

［404］郭雪琪，余茂礼，费蕾蕾，等. VOCs 走航监测：技术方法与案例应用［J］. 生态环境学报，2020，29（2）：311-318.

［405］董胜男. 六安市水环境生态保护研究［J］. 工程与建设，2020，34（1）：34-35.

［406］罗胤晨，于哲浩，向阳，等. 长江上游地区工业集聚与生态环境间的耦合关系研究［J］. 长江大学学报（社会科学版），2020，43（1）：71-77.

［407］赵增耀，毛佳，周晶晶. 工业集聚对大气污染的影响及门槛特征检验：基于大气污染防治技术创新的视角［J］. 山东大学学报（哲学社会科学版），2020（1）：123-133.

［408］江英英，甘正明，傅玲. 抚河流域（抚州段）水环境问题诊断与防治对策［J］. 广东化工，2019，46（24）：87-88.

［409］秦炳涛，黄羽迪. 工业集聚有助于污染减排吗？［J］. 城市与环境研究，2019（4）：51-62.

［410］贾卓，强文丽，王月菊，等. 兰州—西宁城市群工业污染集聚格局及其空间效应［J］. 经济地理，2020，40（1）：68-75，84.

［411］巴中市人民政府. 巴中市城乡污水处理条例［N］. 巴中日报，2019-12-09（004）.

［412］杨崇广，郭雷. “区域工业可持续发展”考点梳理与例析［J］. 教学考试，2019（54）：14-16.

［413］孙莉. 制造业集聚模式对区域碳排放水平的影响研究［D］. 武汉：武汉理工大学，2019.

［414］李玉玲. 雾霾污染的空间溢出效应及影响因素研究［D］. 上海：上海师范大学，2019.

［415］阎川. 我国地方政府财政分权对产业集聚影响研究［D］. 北京：中央财经大学，2019.

[416] 纪玉俊，邵泓增. 我国工业集聚与环境质量的互动关系：基于280个地级市面板数据的分析 [J]. 福建江夏学院学报，2019，9 (2)：11-20.

[417] 任曙明，李馨漪，吴克华. 绿色引领工业集聚化：保山对“富生态、穷经济”矛盾的思考 [J]. 西部经济管理论坛，2019，30 (2)：9-14.

[418] 蔡海亚. 生产性服务业与制造业协同集聚对雾霾污染的影响研究 [D]. 南京：东南大学，2019.

[419] 王艳华，苗长虹，胡志强，等. 专业化、多样性与中国省域工业污染排放的关系 [J]. 自然资源学报，2019，34 (3)：586-599.

[420] 河池市人民政府办公室. 河池市人民政府办公室关于印发河池市生态环境保护基础设施建设三年作战方案（2018—2020年）的通知 [J]. 河池市人民政府公报，2019 (2)：16-21.

[421] 刘静. 空间人文学视角下的中国近代工业基本空间特征研究 [D]. 天津：天津大学，2019.

[422] 夏妍. 我国产业集聚对环境污染的影响研究 [D]. 南京：南京理工大学，2019.

[423] 周欣，谭红英，邓雪嵩，等. 长江经济带工业集聚与生态环境脱钩时空分析 [J]. 重庆工商大学学报（社会科学版），2019，36 (4)：53-61.

[424] 何雄浪. 人口集聚、工业集聚与环境污染：基于两类环境污染的研究 [J]. 西南民族大学学报（人文社科版），2019，40 (2)：87-97.

[425] 付宏臣，孙艳玲，景悦. 基于地理加权回归模型的新疆地区PM2.5遥感估算 [J]. 天津师范大学学报（自然科学版），2019，39 (1)：63-70，80.

[426] 李世杰，邢韵龄. 公共政策交互性与地区工业集聚：来自中国省级面板数据的证据 [J]. 经济与管理评论，2019，35 (1)：134-147.

[427] 李在军，胡美娟，周年兴. 中国地级市工业生态效率空间格局及影响因素 [J]. 经济地理，2018，38 (12)：126-134.

[428] 本刊记者. 生态环境部通报我国工业集聚区水污染防治工作阶段性进展 [J]. 环境教育，2018 (11)：10.

[429] 孙晓莉. 晋中市工业集聚区集中水处理设施提标改造调研及建议 [J]. 山西化工，2018，38 (5)：219-221.

[430] 李玉红. 中国工业污染的空间分布与治理研究 [J]. 经济学家，2018 (9)：59-65.

[431] 广西壮族自治区人民政府办公厅. 广西壮族自治区人民政府办公厅关于印发广西生态环境保护基础设施建设三年作战方案（2018—2020年）的

通知［J］. 广西壮族自治区人民政府公报，2018（15）：14-21.

［432］赵菲菲，宋德勇. 环境规制能否推动产业区域转移：基于中国261个地级市面板数据的实证分析［J］. 经济问题探索，2018（8）：95-102.

［433］佘玉良，宁斌武. 洞庭湖水环境治理办法初探［J］. 湖南水利水电，2018（4）：47-50.

［434］肖璐. 应用贝叶斯最大熵和地理加权回归方法研究我国沿海和内陆PM2.5时空分布［D］. 杭州：浙江大学，2018.

［435］王莉，胡精超. 基于地理加权回归（GWR）模型对国民体质与社会、自然因素关系的分析［J］. 吉林体育学院学报，2017，33（6）：15-21.

［436］赵杨，张学庆，卞晓东. 基于地理加权回归的渤海沙氏下鱵鱼仔稚鱼栖息地指数［J］. 应用生态学报，2018，29（1）：293-299.

［437］丁升. 黄河中下游典型地区环境异质性时空变化［D］. 郑州：河南大学，2017.

［438］袁玉芸. 克里雅绿洲植被覆盖的空间特征与其环境因子分析［D］. 乌鲁木齐：新疆大学，2017.

［439］饶兰兰. 基于时空地理加权回归模型估算近地面 NO_2 浓度［D］. 徐州：中国矿业大学，2017.

［440］马忠玉，肖宏伟. 中国区域PM2.5影响因素空间分异研究：基于地理加权回归模型的实证分析［J］. 山西财经大学学报，2017，39（5）：14-26.

［441］方国斌，马慧敏，宋国君. 中国交通运输能源效率及其影响因素分析：基于三阶段DEA和GWR方法［J］. 统计与信息论坛，2016，31（11）：59-67.

［442］杨顺华. 基于空间回归模型的土壤有机质区域分布特征研究［D］. 武汉：华中农业大学，2016.

［443］王佳，钱雨果，韩立建，等. 基于GWR模型的土地覆盖与地表温度的关系：以京津唐城市群为例［J］. 应用生态学报，2016，27（7）：2128-2136.

［444］赖永剑，贺祥民. 市场分割降低了地区环境全要素生产率吗：基于地理加权回归模型的实证研究［J］. 广西财经学院学报，2016，29（1）：32-38.

［445］李龙，姚云峰，秦富仓，等. 基于地理加权回归模型的土壤有机碳密度影响因子分析［J］. 科技导报，2016，34（2）：247-254.

［446］孙克，徐中民. 基于地理加权回归的中国灰水足迹人文驱动因素分析［J］. 地理研究，2016，35（1）：37-48.

附 表

附表1 2003—2016年部分年份PM2.5均值

城市名	2003年	2008年	2013年	2016年	城市名	2003年	2008年	2013年	2016年
安康	25.61	21.76	24.61	19.86	南昌	45.85	46.11	47.70	34.90
安庆	37.32	48.01	44.96	39.54	南充	36.88	35.07	31.12	39.53
安顺	23.30	30.13	26.36	21.86	南京	51.71	60.69	60.53	53.46
安阳	51.32	54.70	68.25	59.00	南宁	34.75	41.11	38.95	25.17
鞍山	33.16	39.84	39.09	38.25	南平	23.61	21.51	21.72	19.53
巴彦淖尔	7.69	7.16	6.49	7.00	南通	48.33	59.82	49.87	55.18
巴中	32.86	26.51	26.78	23.49	南阳	30.03	37.64	39.69	37.59
白城	18.92	24.05	23.15	22.49	内江	34.25	36.65	39.37	41.07
白山	23.03	19.78	20.09	21.45	宁波	28.51	34.31	32.95	33.77
白银	24.66	27.51	26.28	18.53	宁德	19.46	19.21	19.57	18.36
百色	17.59	27.75	26.64	21.00	攀枝花	11.20	12.68	12.06	10.99
蚌埠	51.51	57.95	58.02	52.83	盘锦	36.74	43.19	43.57	39.79
包头	10.25	10.61	9.95	10.96	平顶山	35.99	43.53	48.86	45.41
宝鸡	28.08	23.21	30.37	21.40	平凉	23.62	27.28	26.11	28.89
保定	52.50	55.27	59.81	55.78	萍乡	26.43	42.99	34.95	30.51
保山	12.99	15.07	16.70	13.97	莆田	22.57	22.91	20.57	20.90
北海	25.68	37.97	35.62	30.45	濮阳	65.23	68.14	80.31	69.60
北京	42.38	47.35	50.00	45.00	七台河	19.13	27.27	28.06	25.68
本溪	26.49	31.52	29.24	29.14	齐齐哈尔	23.30	19.95	19.15	23.64
滨州	65.32	68.11	72.79	69.51	钦州	27.33	40.41	39.01	32.39
亳州	59.33	60.40	61.91	53.37	秦皇岛	39.58	42.68	43.17	40.61
沧州	74.41	75.27	84.23	77.67	青岛	48.09	51.92	48.61	50.24
常德	39.92	47.36	42.81	32.13	清远	27.89	37.98	31.43	27.58

附表1(续1)

城市名	2003年	2008年	2013年	2016年	城市名	2003年	2008年	2013年	2016年
常州	56.23	63.05	60.45	54.76	庆阳	19.37	23.38	22.37	25.37
朝阳	28.58	26.03	29.76	26.39	衢州	32.00	33.75	30.46	23.84
潮州	17.62	24.31	21.03	19.64	曲靖	16.87	17.44	16.50	13.03
郴州	27.63	37.59	31.41	28.03	泉州	21.22	22.11	21.54	21.28
成都	47.29	44.74	49.75	37.47	日照	40.43	49.23	50.68	47.40
承德	24.37	22.53	26.61	23.01	三门峡	19.86	27.70	27.19	27.62
池州	34.29	43.57	39.10	32.47	三明	21.54	20.64	19.41	16.97
赤峰	16.01	13.11	16.80	14.40	三亚	12.67	12.78	13.31	12.65
崇左	15.55	34.00	34.66	27.82	厦门	25.80	27.84	27.31	25.93
滁州	49.38	60.81	58.58	54.02	汕头	24.24	26.73	25.17	20.42
达州	31.80	30.11	29.66	24.44	汕尾	21.78	26.04	22.77	17.81
大连	35.21	37.34	34.64	33.54	商洛	19.30	22.02	22.16	23.48
大庆	29.45	29.36	31.77	33.31	商丘	48.02	63.04	63.38	65.65
大同	24.35	22.08	24.80	23.49	上海	47.45	58.01	47.31	53.31
丹东	23.14	29.67	25.78	26.99	上饶	35.08	33.09	37.33	29.96
德阳	48.04	40.54	43.53	33.44	韶关	25.78	33.65	29.76	26.55
德州	72.98	74.71	84.39	80.38	邵阳	28.77	42.01	36.01	30.65
定西	25.62	23.67	27.10	18.25	绍兴	36.43	42.16	38.04	29.94
东莞	40.26	43.25	41.86	32.81	深圳	34.52	35.88	33.80	26.19
东营	58.28	59.80	57.89	59.33	沈阳	30.15	43.91	43.47	37.55
鄂尔多斯	13.01	13.55	14.45	12.99	十堰	21.81	23.32	23.78	24.81
鄂州	45.12	56.64	53.31	44.98	石家庄	56.10	55.06	63.06	57.35
防城港	19.92	35.10	35.69	29.17	石嘴山	13.48	14.60	17.40	14.56
佛山	41.74	45.83	48.81	35.00	双鸭山	15.32	20.32	20.53	20.20
福州	19.83	21.20	18.95	18.55	朔州	15.52	20.50	19.85	21.71
抚顺	28.03	34.37	31.57	31.09	四平	30.26	44.20	42.01	36.66
抚州	21.85	33.72	30.03	28.47	松原	25.47	36.89	36.70	29.89
阜新	31.09	33.34	29.15	30.17	苏州	58.83	63.71	61.84	57.41
阜阳	57.35	59.28	60.73	50.18	绥化	30.83	30.78	35.67	37.22
赣州	20.54	29.60	26.00	25.23	随州	43.01	48.85	49.71	39.16

附表1(续2)

城市名	2003 年	2008 年	2013 年	2016 年	城市名	2003 年	2008 年	2013 年	2016 年
固原	25.68	23.93	26.71	19.86	遂宁	38.77	40.54	41.33	28.69
广安	39.05	39.89	38.74	26.92	台州	24.44	27.70	26.75	25.79
广元	32.16	25.55	25.81	20.24	太原	23.70	29.47	24.23	36.08
广州	31.53	43.81	35.29	30.87	泰安	48.84	64.19	65.21	64.08
贵港	30.00	43.43	39.46	32.56	泰州	50.13	64.43	58.97	57.49
贵阳	25.13	33.02	29.70	23.22	唐山	48.47	65.78	59.40	51.92
桂林	25.41	39.01	33.72	28.37	天津	58.45	78.14	71.47	64.85
哈尔滨	27.32	39.79	39.85	35.38	天水	24.44	26.28	26.69	29.37
海口	15.59	20.83	18.32	16.72	铁岭	35.64	44.37	40.72	40.25
邯郸	47.79	56.15	67.64	62.77	通化	28.09	28.54	27.33	27.65
汉中	26.95	21.38	25.42	19.52	通辽	21.92	22.60	22.09	22.26
杭州	36.50	42.10	38.09	29.64	铜川	28.35	26.29	34.62	24.32
合肥	49.02	58.81	59.04	46.88	铜陵	43.54	54.53	50.18	42.17
河池	22.85	34.42	30.03	22.89	威海	31.63	37.37	33.83	35.30
河源	22.37	29.57	24.68	23.50	潍坊	45.83	52.17	52.75	49.08
菏泽	66.16	66.84	74.91	64.65	渭南	30.25	39.38	38.42	40.53
贺州	28.49	38.32	32.19	27.43	温州	23.07	24.25	24.05	24.07
鹤壁	56.99	58.34	72.93	60.84	乌海	10.63	13.41	12.28	10.78
鹤岗	16.72	15.25	15.08	24.01	乌兰察布	8.26	11.76	10.58	12.72
黑河	16.54	12.67	11.28	17.00	乌鲁木齐	12.57	14.16	14.91	12.71
衡水	75.97	74.78	86.48	80.16	无锡	54.75	63.19	59.55	58.92
衡阳	36.64	48.92	39.08	34.60	芜湖	49.26	52.32	55.25	45.33
呼和浩特	12.79	18.62	15.42	17.95	吴忠	16.43	20.64	20.32	21.13
呼伦贝尔	4.66	5.58	6.80	16.66	梧州	33.72	41.10	39.68	26.59
葫芦岛	33.12	32.25	35.68	30.93	武汉	50.71	57.49	61.48	51.23
湖州	47.58	54.33	50.21	40.83	武威	12.42	14.35	13.69	14.21
怀化	28.70	37.67	32.79	25.68	西安	37.21	32.30	40.94	32.08
淮安	50.38	56.11	58.45	57.75	西宁	13.96	15.94	16.65	15.66
淮北	59.81	60.04	62.75	55.38	咸宁	42.80	47.34	50.18	39.72
淮南	50.79	59.77	57.94	50.84	咸阳	28.64	34.96	33.53	37.10

附表1(续3)

城市名	2003 年	2008 年	2013 年	2016 年	城市名	2003 年	2008 年	2013 年	2016 年
黄冈	39. 38	48. 85	44. 92	38. 99	湘潭	41. 13	53. 78	48. 97	40. 49
黄山	29. 66	36. 80	32. 26	25. 32	孝感	45. 62	57. 79	58. 77	51. 51
黄石	37. 39	50. 64	46. 70	38. 38	忻州	16. 92	21. 31	18. 79	26. 28
惠州	25. 01	33. 55	26. 94	24. 15	新乡	44. 44	56. 79	56. 51	60. 84
鸡西	21. 22	19. 90	22. 58	25. 62	新余	38. 22	42. 65	40. 36	29. 89
吉安	32. 14	35. 11	33. 28	22. 01	信阳	41. 09	51. 16	47. 35	46. 83
吉林	28. 02	38. 88	35. 91	35. 23	邢台	56. 76	60. 61	72. 13	66. 00
济南	66. 29	69. 15	76. 08	74. 79	宿迁	45. 41	56. 11	55. 12	51. 03
济宁	66. 84	68. 17	75. 20	69. 16	宿州	46. 80	57. 41	59. 51	57. 41
佳木斯	13. 82	19. 65	18. 06	19. 05	徐州	46. 64	58. 31	60. 53	57. 59
嘉兴	47. 69	56. 04	52. 53	54. 37	许昌	45. 98	55. 47	59. 34	61. 41
嘉峪关	7. 61	10. 81	8. 66	9. 78	宣城	38. 43	41. 21	43. 54	37. 80
江门	28. 11	40. 53	32. 11	27. 72	雅安	19. 51	22. 62	21. 66	20. 65
焦作	52. 77	47. 57	60. 51	47. 52	烟台	37. 48	42. 85	38. 44	41. 68
揭阳	19. 79	26. 84	22. 54	20. 33	延安	15. 41	21. 09	19. 37	22. 74
金昌	13. 64	14. 83	14. 76	11. 23	盐城	39. 74	55. 87	50. 65	50. 82
金华	33. 04	36. 92	33. 56	26. 41	扬州	47. 96	62. 17	58. 99	55. 23
锦州	33. 88	38. 03	37. 61	33. 97	阳江	23. 68	34. 40	28. 46	24. 19
晋城	34. 82	29. 63	37. 23	29. 20	阳泉	35. 55	28. 12	29. 91	24. 58
晋中	33. 29	28. 14	30. 62	25. 76	伊春	11. 90	18. 11	16. 21	16. 74
荆门	47. 10	50. 09	52. 65	41. 10	宜宾	23. 68	29. 96	32. 13	34. 14
荆州	52. 40	56. 28	55. 27	44. 51	宜昌	23. 31	31. 72	30. 39	28. 14
景德镇	31. 94	39. 36	35. 23	30. 36	宜春	39. 81	43. 47	42. 19	30. 53
九江	41. 32	42. 26	45. 07	32. 23	益阳	36. 81	49. 42	49. 02	38. 96
酒泉	6. 61	5. 73	6. 40	6. 70	银川	19. 03	18. 61	21. 07	17. 14
开封	48. 80	62. 06	60. 59	69. 82	鹰潭	27. 41	36. 38	32. 94	29. 78
克拉玛依	11. 62	10. 23	11. 08	9. 60	永州	33. 14	38. 53	38. 72	31. 31
昆明	14. 06	17. 17	17. 17	13. 76	榆林	14. 01	19. 56	17. 06	20. 97
来宾	29. 25	42. 90	38. 67	30. 03	玉林	36. 35	41. 19	37. 89	27. 93
莱芜	56. 07	60. 27	65. 52	63. 88	玉溪	23. 28	19. 50	20. 01	17. 01

附表1(续4)

城市名	2003 年	2008 年	2013 年	2016 年	城市名	2003 年	2008 年	2013 年	2016 年
兰州	24. 10	25. 13	26. 87	27. 06	岳阳	41. 54	50. 70	53. 05	42. 12
廊坊	62. 25	79. 29	74. 49	68. 31	云浮	33. 07	37. 72	37. 49	26. 90
乐山	17. 43	25. 32	27. 71	21. 03	枣庄	44. 72	58. 31	59. 63	59. 95
丽江	8. 44	9. 02	7. 63	7. 76	湛江	27. 11	29. 66	28. 11	22. 47
丽水	23. 72	22. 05	22. 72	22. 77	张家界	24. 57	32. 77	31. 10	29. 22
连云港	48. 36	53. 94	58. 07	59. 20	张家口	15. 31	20. 68	18. 44	20. 48
辽阳	35. 09	45. 51	43. 98	43. 92	张掖	9. 44	11. 52	9. 98	10. 11
辽源	35. 49	41. 79	39. 56	39. 80	漳州	19. 11	21. 56	21. 12	17. 51
聊城	70. 60	72. 73	82. 79	80. 35	长春	33. 32	48. 93	46. 60	39. 10
临沧	16. 90	18. 91	19. 16	12. 85	长沙	40. 70	51. 01	47. 32	36. 02
临汾	23. 99	28. 89	27. 38	33. 75	长治	20. 74	29. 67	26. 89	29. 69
临沂	42. 15	53. 75	55. 86	51. 87	昭通	14. 70	17. 15	19. 58	16. 15
柳州	27. 25	39. 51	35. 24	27. 11	肇庆	34. 36	40. 29	40. 90	26. 39
六安	40. 83	50. 40	49. 11	42. 09	镇江	52. 46	63. 49	63. 16	56. 03
六盘水	20. 53	22. 20	22. 58	16. 11	郑州	44. 11	52. 54	55. 96	57. 39
龙岩	16. 93	22. 18	18. 96	19. 25	中山	40. 21	41. 70	42. 26	31. 55
陇南	21. 19	18. 79	21. 13	15. 69	中卫	19. 15	21. 01	19. 69	22. 41
娄底	34. 58	46. 70	42. 11	33. 82	重庆	31. 99	32. 30	28. 98	27. 85
泸州	32. 63	32. 78	33. 94	22. 18	舟山	26. 82	30. 94	29. 23	29. 35
洛阳	31. 66	30. 94	40. 32	30. 03	周口	46. 87	60. 46	61. 39	64. 68
漯河	59. 40	55. 82	67. 96	52. 86	珠海	33. 61	35. 05	33. 68	25. 30
吕梁	19. 55	23. 92	20. 04	28. 92	株洲	34. 47	40. 76	36. 59	28. 85
马鞍山	52. 22	61. 38	58. 62	51. 46	驻马店	41. 61	51. 13	51. 60	50. 94
茂名	25. 38	36. 10	30. 35	26. 87	资阳	37. 31	37. 19	39. 61	40. 66
眉山	36. 07	39. 69	44. 54	32. 04	淄博	50. 60	58. 07	58. 12	57. 27
梅州	17. 87	25. 02	20. 97	19. 97	自贡	30. 34	35. 50	37. 90	37. 87
绵阳	33. 12	27. 63	27. 72	21. 47	遵义	36. 10	32. 84	30. 91	25. 21
牡丹江	22. 45	18. 93	22. 72	24. 55					

附表 2　2003—2016 年部分年份 PM2.5 空间冷热点统计

冷热点	2003 年	2008 年	2013 年	2016 年
Cold Spot - 99% Confidence	巴彦淖尔市、白银市、包头市、潮州市、鄂尔多斯市、福州市、赣州市、固原市、鹤岗市、呼和浩特市、佳木斯市、嘉峪关市、金昌市、昆明市、兰州市、丽江市、六盘水市、龙岩市、梅州市、攀枝花市、莆田市、七台河市、庆阳市、曲靖市、泉州市、厦门市、石嘴山市、双鸭山市、乌海市、乌兰察布市、吴忠市、武威市、西宁市、延安市、伊春市、银川市、榆林市、玉溪市、张掖市、漳州市、中卫市、	巴彦淖尔市、白银市、包头市、宝鸡市、潮州市、定西市、鄂尔多斯市、福州市、固原市、汉中市、呼和浩特市、鸡西市、佳木斯市、嘉峪关市、金昌市、酒泉市、昆明市、兰州市、丽江市、六盘水市、龙岩市、攀枝花市、平凉市、莆田市、七台河市、庆阳市、曲靖市、泉州市、三明市、厦门市、石嘴山市、双鸭山市、天水市、铜川市、乌海市、乌兰察布市、吴忠市、武威市、西安市、西宁市、咸阳市、延安市、伊春市、银川市、榆林市、玉溪市、张掖市、漳州市、昭通市、中卫市	巴彦淖尔市、白银市、包头市、潮州市、鄂尔多斯市、福州市、赣州市、固原市、呼和浩特市、嘉峪关市、金昌市、昆明市、兰州市、丽江市、六盘水市、龙岩市、梅州市、宁德市、攀枝花市、莆田市、庆阳市、曲靖市、泉州市、三明市、厦门市、汕头市、石嘴山市、双鸭山市、天水市、乌海市、乌兰察布市、吴忠市、武威市、西宁市、延安市、银川市、榆林市、玉溪市、张掖市、漳州市、中卫市	安顺市、巴彦淖尔市、白银市、包头市、潮州市、鄂尔多斯市、福州市、赣州市、固原市、河源市、呼和浩特市、惠州市、嘉峪关市、揭阳市、金昌市、昆明市、兰州市、丽江市、六盘水市、龙岩市、梅州市、南平市、宁德市、攀枝花市、莆田市、曲靖市、泉州市、三明市、厦门市、汕头市、汕尾市、韶关市、石嘴山市、天水市、乌海市、吴忠市、武威市、西宁市、银川市、榆林市、玉溪市、张掖市、漳州市、中卫市
Cold Spot - 95% Confidence	安顺市、百色市、宝鸡市、保山市、定西市、贵阳市、河池市、鸡西市、揭阳市、酒泉市、克拉玛依市、平凉市、齐齐哈尔市、三明市、汕头市、汕尾市、绥化市、天水市、铜川市、乌鲁木齐市、西安市、咸阳市、昭通市	安康市、安顺市、巴中市、保山市、贵阳市、鹤岗市、黑河市、呼伦贝尔市、克拉玛依市、临沧市、陇南市、吕梁市、梅州市、南平市、宁德市、齐齐哈尔市、汕头市、商洛市、朔州市、绥化市、渭南市、乌鲁木齐市	安顺市、宝鸡市、保山市、定西市、贵阳市、汉中市、河源市、鹤岗市、黑河市、呼伦贝尔市、惠州市、鸡西市、佳木斯市、揭阳市、酒泉市、克拉玛依市、南平市、平凉市、七台河市、齐齐哈尔市、汕尾市、铜川市、乌鲁木齐市、西安市、咸阳市、伊春市、昭通市	巴中市、百色市、宝鸡市、保山市、定西市、东莞市、佛山市、抚州市、广州市、贵阳市、汉中市、江门市、酒泉市、克拉玛依市、临沧市、陇南市、平凉市、清远市、庆阳市、深圳市、双鸭山市、乌兰察布市、乌鲁木齐市、西安市、咸阳市、玉林市、湛江市、昭通市、中山市、珠海市
Cold Spot - 90% Confidence	防城港市、哈尔滨市、海口市、河源市、黑河市、呼伦贝尔市、惠州市、来宾市、临沧市、吕梁市、牡丹江市、南宁市、南平市、宁德市、钦州市、三亚市、渭南市、湛江市	赤峰市、赣州市、广元市、揭阳市、三亚市	安康市、巴中市、东莞市、丽水市、临沧市、陇南市、三亚市、韶关市、朔州市、绥化市、温州市	安康市、北海市、广元市、贵港市、海口市、贺州市、鸡西市、佳木斯市、来宾市、丽水市、茂名市、南宁市、七台河市、钦州市、三亚市、铜川市、温州市、梧州市、延安市、阳江市、伊春市、宜宾市、云浮市、肇庆市

附表2（续1）

冷热点	2003 年	2008 年	2013 年	2016 年
Not Significant	安康市、鞍山市、巴中市、白城市、白山市、北海市、本溪市、常德市、朝阳市、郴州市、成都市、承德市、赤峰市、崇左市、达州市、大连市、大庆市、大同市、丹东市、德阳市、东莞市、佛山市、抚顺市、抚州市、阜新市、广安市、广元市、广州市、贵港市、桂林市、汉中市、贺州市、衡阳市、葫芦岛市、怀化市、吉安市、吉林市、江门市、锦州市、乐山市、丽水市、辽阳市、辽源市、临汾市、柳州市、陇南市、娄底市、泸州市、茂名市、眉山市、绵阳市、南昌市、南充市、内江市、盘锦市、萍乡市、清远市、衢州市、三门峡市、商洛市、上饶市、韶关市、邵阳市、深圳市、沈阳市、十堰市、朔州市、四平市、松原市、遂宁市、台州市、太原市、铁岭市、通化市、通辽市、温州市、梧州市、湘潭市、忻州市、新余市、雅安市、阳江市、宜宾市、宜昌市、宜春市、益阳市、鹰潭市、永州市、玉林市、云浮市、张家界市、张家口市、长春市、肇庆市、中山市、重庆市、珠海市、株洲市、资阳市、自贡市、遵义市	鞍山市、白城市、白山市、百色市、北海市、本溪市、朝阳市、郴州市、成都市、承德市、崇左市、达州市、大连市、大庆市、大同市、丹东市、德阳市、东莞市、防城港市、佛山市、抚顺市、抚州市、阜新市、广安市、广州市、贵港市、桂林市、哈尔滨市、海口市、河池市、河源市、贺州市、衡阳市、葫芦岛市、怀化市、惠州市、吉安市、吉林市、江门市、锦州市、来宾市、乐山市、丽水市、辽阳市、辽源市、临汾市、柳州市、泸州市、洛阳市、茂名市、眉山市、绵阳市、牡丹江市、南昌市、南充市、南宁市、内江市、盘锦市、钦州市、清远市、衢州市、三门峡市、汕尾市、上饶市、韶关市、邵阳市、深圳市、沈阳市、十堰市、四平市、松原市、遂宁市、台州市、太原市、铁岭市、通化市、通辽市、威海市、温州市、梧州市、忻州市、雅安市、阳江市、宜宾市、宜昌市、鹰潭市、永州市、玉林市、云浮市、湛江市、张家界市、张家口市、长春市、肇庆市、中山市、重庆市、珠海市、株洲市、资阳市、自贡市、遵义市	鞍山市、白城市、白山市、百色市、北海市、本溪市、朝阳市、郴州市、成都市、承德市、赤峰市、崇左市、达州市、大连市、大庆市、大同市、丹东市、德阳市、防城港市、佛山市、抚顺市、抚州市、阜新市、广安市、广元市、广州市、贵港市、桂林市、哈尔滨市、海口市、河池市、贺州市、衡阳市、葫芦岛市、怀化市、吉安市、吉林市、江门市、金华市、锦州市、来宾市、乐山市、辽阳市、辽源市、临汾市、柳州市、娄底市、泸州市、吕梁市、茂名市、眉山市、绵阳市、牡丹江市、南昌市、南充市、南宁市、内江市、宁波市、盘锦市、萍乡市、钦州市、清远市、衢州市、三门峡市、商洛市、上饶市、邵阳市、深圳市、沈阳市、十堰市、四平市、松原市、遂宁市、台州市、太原市、铁岭市、通化市、通辽市、威海市、渭南市、梧州市、湘潭市、忻州市、新余市、雅安市、阳江市、宜宾市、宜昌市、宜春市、益阳市、鹰潭市、永州市、玉林市、云浮市、湛江市、张家界市、张家口市、长春市、肇庆市、中山市、重庆市、舟山市、珠海市、株洲市、资阳市、自贡市、遵义市	鞍山市、白城市、白山市、本溪市、常德市、朝阳市、郴州市、成都市、承德市、赤峰市、崇左市、达州市、大连市、大庆市、丹东市、德阳市、防城港市、抚顺市、阜新市、广安市、桂林市、哈尔滨市、河池市、鹤岗市、黑河市、衡阳市、呼伦贝尔市、葫芦岛市、怀化市、黄石市、吉安市、吉林市、金华市、锦州市、荆州市、景德镇市、九江市、乐山市、辽阳市、辽源市、柳州市、娄底市、泸州市、吕梁市、眉山市、绵阳市、牡丹江市、南昌市、南充市、内江市、宁波市、盘锦市、萍乡市、齐齐哈尔市、衢州市、商洛市、上饶市、邵阳市、沈阳市、十堰市、朔州市、四平市、松原市、绥化市、遂宁市、台州市、铁岭市、通化市、通辽市、渭南市、咸宁市、湘潭市、忻州市、新余市、雅安市、宜昌市、宜春市、益阳市、鹰潭市、永州市、岳阳市、张家界市、张家口市、长春市、长沙市、重庆市、株洲市、资阳市、自贡市、遵义市
Hot Spot – 90% Confidence	洛阳市、威海市	金华市、娄底市、湘潭市	常德市、景德镇市、绍兴市	鄂州市、黄山市、临汾市、三门峡市、绍兴市、太原市、威海市、舟山市

附表2（续2）

冷热点	2003 年	2008 年	2013 年	2016 年
Hot Spot - 95% Confidence	金华市、荆门市、荆州市、景德镇市、九江市、南阳市、宁波市、咸宁市、岳阳市、长沙市、舟山市	常德市、晋中市、景德镇市、南阳市、宁波市、萍乡市、新余市、宜春市、益阳市、舟山市	杭州市、黄山市、嘉兴市、九江市、咸宁市、岳阳市、长沙市	池州市、大同市、杭州市、荆门市、武汉市
Hot Spot - 99% Confidence	安庆市、安阳市、蚌埠市、保定市、北京市、滨州市、亳州市、沧州市、常州市、池州市、滁州市、德州市、东营市、鄂州市、阜阳市、邯郸市、杭州市、合肥市、菏泽市、鹤壁市、衡水市、湖州市、淮安市、淮北市、淮南市、黄冈市、黄山市、黄石市、济南市、济宁市、嘉兴市、焦作市、晋城市、晋中市、开封市、莱芜市、廊坊市、连云港市、聊城市、临沂市、六安市、漯河市、马鞍山市、南京市、南通市、平顶山市、濮阳市、秦皇岛市、青岛市、日照市、商丘市、上海市、绍兴市、石家庄市、苏州市、随州市、泰安市、泰州市、唐山市、天津市、铜陵市、潍坊市、无锡市、芜湖市、武汉市、孝感市、新乡市、信阳市、邢台市、宿迁市、宿州市、徐州市、许昌市、宣城市、烟台市、盐城市、扬州市、阳泉市、枣庄市、长治市、镇江市、郑州市、周口市、驻马店市、淄博市	安庆市、安阳市、蚌埠市、保定市、北京市、滨州市、亳州市、沧州市、常州市、池州市、滁州市、德州市、东营市、鄂州市、阜阳市、邯郸市、杭州市、合肥市、菏泽市、鹤壁市、衡水市、湖州市、淮安市、淮北市、淮南市、黄冈市、黄山市、黄石市、济南市、济宁市、嘉兴市、焦作市、晋城市、荆门市、荆州市、九江市、开封市、莱芜市、廊坊市、连云港市、聊城市、临沂市、六安市、漯河市、马鞍山市、南京市、南通市、平顶山市、濮阳市、秦皇岛市、青岛市、日照市、商丘市、上海市、绍兴市、石家庄市、苏州市、随州市、泰安市、泰州市、唐山市、天津市、铜陵市、潍坊市、无锡市、芜湖市、武汉市、咸宁市、孝感市	安庆市、安阳市、蚌埠市、保定市、北京市、滨州市、亳州市、沧州市、常州市、池州市、滁州市、德州市、东营市、鄂州市、阜阳市、邯郸市、合肥市、菏泽市、鹤壁市、衡水市、湖州市、淮安市、淮北市、淮南市、黄冈市、黄石市、济南市、济宁市、焦作市、晋城市、晋中市、荆门市、荆州市、开封市、莱芜市、廊坊市、连云港市、聊城市、临沂市、六安市、洛阳市、漯河市、马鞍山市、南京市、南通市、南阳市、平顶山市、濮阳市、秦皇岛市、青岛市、日照市、商丘市、上海市、石家庄市、苏州市、随州市、泰安市、泰州市、唐山市、天津市、铜陵市、潍坊市、无锡市、芜湖市、武汉市、孝感市、新乡市、信阳市、邢台市、宿迁市、宿州市、徐州市、许昌市、宣城市、烟台市、盐城市、扬州市、阳泉市、枣庄市、长治市、镇江市、郑州市、周口市、驻马店市、淄博市	安庆市、安阳市、蚌埠市、保定市、北京市、滨州市、亳州市、沧州市、常州市、滁州市、德州市、东营市、阜阳市、邯郸市、合肥市、菏泽市、鹤壁市、衡水市、湖州市、淮安市、淮北市、淮南市、黄冈市、济南市、济宁市、嘉兴市、焦作市、晋城市、晋中市、开封市、莱芜市、廊坊市、连云港市、聊城市、临沂市、六安市、洛阳市、漯河市、马鞍山市、南京市、南通市、南阳市、平顶山市、濮阳市、秦皇岛市、青岛市、日照市、商丘市、上海市、石家庄市、苏州市、随州市、泰安市、泰州市、唐山市、天津市、铜陵市、潍坊市、无锡市、芜湖市、孝感市、新乡市、信阳市、邢台市、宿迁市、宿州市、徐州市、许昌市、宣城市、烟台市、盐城市、扬州市、阳泉市、枣庄市、长治市、镇江市、郑州市、周口市、驻马店市、淄博市

附表 3　2003—2016 年部分年份 PM2.5 空间聚类统计

聚类	2003 年	2008 年	2013 年	2016 年
HH	安庆市、安阳市、蚌埠市、保定市、北京市、滨州市、亳州市、沧州市、常州市、池州市、滁州市、德州市、东营市、鄂州市、阜阳市、邯郸市、杭州市、合肥市、菏泽市、鹤壁市、衡水市、湖州市、淮安市、淮北市、淮南市、黄冈市、黄石市、济南市、济宁市、嘉兴市、焦作市、晋城市、晋中市、荆门市、荆州市、九江市、开封市、莱芜市、廊坊市、连云港市、聊城市、临沂市、六安市、漯河市、马鞍山市、南京市、南通市、平顶山市、濮阳市、秦皇岛市、青岛市、日照市、商丘市、上海市、绍兴市、石家庄市、苏州市、随州市、泰安市、泰州市、唐山市、天津市、铜陵市、潍坊市、无锡市、芜湖市、武汉市、咸宁市、孝感市、新乡市、信阳市、邢台市、宿迁市、宿州市、徐州市、许昌市、宣城市、烟台市、盐城市、扬州市、阳泉市、岳阳市、枣庄市、镇江市、郑州市、周口市、驻马店市、淄博市	安庆市、安阳市、蚌埠市、保定市、北京市、滨州市、亳州市、沧州市、常德市、常州市、池州市、滁州市、德州市、东营市、鄂州市、阜阳市、邯郸市、杭州市、合肥市、菏泽市、鹤壁市、衡水市、湖州市、淮安市、淮北市、淮南市、黄冈市、黄石市、济南市、济宁市、嘉兴市、焦作市、荆门市、荆州市、九江市、开封市、莱芜市、廊坊市、连云港市、聊城市、临沂市、六安市、娄底市、漯河市、马鞍山市、南京市、南通市、平顶山市、濮阳市、秦皇岛市、青岛市、日照市、商丘市、上海市、绍兴市、石家庄市、苏州市、随州市、泰安市、泰州市、唐山市、天津市、铜陵市、潍坊市、无锡市、芜湖市、武汉市、咸宁市、湘潭市、孝感市、新乡市、信阳市、邢台市、宿迁市、宿州市、徐州市、许昌市、宣城市、烟台市、盐城市、扬州市、宜春市、益阳市、岳阳市、枣庄市、长沙市、镇江市、郑州市、周口市、驻马店市、淄博市	安庆市、安阳市、蚌埠市、保定市、北京市、滨州市、亳州市、沧州市、常州市、池州市、滁州市、德州市、东营市、鄂州市、阜阳市、邯郸市、杭州市、合肥市、菏泽市、鹤壁市、衡水市、湖州市、淮安市、淮北市、淮南市、黄冈市、黄石市、济南市、济宁市、嘉兴市、焦作市、荆门市、荆州市、九江市、开封市、莱芜市、廊坊市、连云港市、聊城市、临沂市、六安市、洛阳市、漯河市、马鞍山市、南京市、南通市、南阳市、平顶山市、濮阳市、秦皇岛市、青岛市、日照市、商丘市、上海市、石家庄市、苏州市、随州市、泰安市、泰州市、唐山市、天津市、铜陵市、潍坊市、无锡市、芜湖市、武汉市、咸宁市、孝感市、新乡市、信阳市、邢台市、宿迁市、宿州市、徐州市、许昌市、宣城市、烟台市、盐城市、扬州市、岳阳市、枣庄市、长沙市、镇江市、郑州市、周口市、驻马店市、淄博市	安庆市、安阳市、蚌埠市、保定市、北京市、滨州市、亳州市、沧州市、常州市、滁州市、德州市、东营市、鄂州市、阜阳市、邯郸市、合肥市、菏泽市、鹤壁市、衡水市、湖州市、淮安市、淮北市、淮南市、黄冈市、济南市、济宁市、嘉兴市、焦作市、荆门市、开封市、莱芜市、廊坊市、连云港市、聊城市、临沂市、六安市、漯河市、马鞍山市、南京市、南通市、南阳市、平顶山市、濮阳市、秦皇岛市、青岛市、日照市、商丘市、上海市、石家庄市、苏州市、随州市、泰安市、泰州市、唐山市、天津市、铜陵市、潍坊市、无锡市、芜湖市、武汉市、孝感市、新乡市、信阳市、邢台市、宿迁市、宿州市、徐州市、许昌市、宣城市、烟台市、盐城市、扬州市、枣庄市、镇江市、郑州市、周口市、驻马店市、淄博市
HL	南宁市、西安市	渭南市	西安市	佛山市、南充市、咸阳市
LH	黄山市、南阳市、长治市、舟山市	黄山市、晋城市、南阳市、阳泉市、长治市、舟山市	黄山市、晋城市、晋中市、阳泉市、长治市	池州市、晋城市、晋中市、洛阳市、阳泉市、长治市

附表3（续）

聚类	2003 年	2008 年	2013 年	2016 年
LL	安顺市、巴彦淖尔市、白银市、百色市、包头市、宝鸡市、保山市、潮州市、定西市、鄂尔多斯市、福州市、赣州市、固原市、贵阳市、河池市、河源市、鹤岗市、呼和浩特市、鸡西市、佳木斯市、嘉峪关市、揭阳市、金昌市、酒泉市、克拉玛依市、昆明市、兰州市、丽江市、临沧市、六盘水市、龙岩市、吕梁市、梅州市、牡丹江市、南平市、宁德市、攀枝花市、平凉市、莆田市、七台河市、齐齐哈尔市、庆阳市、曲靖市、泉州市、三明市、厦门市、汕头市、汕尾市、石嘴山市、双鸭山市、朔州市、绥化市、天水市、铜川市、渭南市、乌海市、乌兰察布市、乌鲁木齐市、吴忠市、武威市、西宁市、咸阳市、延安市、伊春市、银川市、榆林市、玉溪市、张掖市、漳州市、昭通市、中卫市	安康市、安顺市、巴彦淖尔市、巴中市、白银市、包头市、宝鸡市、保山市、潮州市、定西市、鄂尔多斯市、福州市、赣州市、固原市、广元市、贵阳市、汉中市、鹤岗市、呼和浩特市、鸡西市、佳木斯市、嘉峪关市、揭阳市、金昌市、酒泉市、昆明市、兰州市、丽江市、临沧市、六盘水市、龙岩市、陇南市、吕梁市、梅州市、南平市、宁德市、攀枝花市、平凉市、莆田市、七台河市、齐齐哈尔市、庆阳市、曲靖市、泉州市、三明市、厦门市、汕头市、商洛市、石嘴山市、双鸭山市、朔州市、绥化市、天水市、铜川市、乌海市、乌兰察布市、乌鲁木齐市、吴忠市、武威市、西安市、西宁市、咸阳市、延安市、伊春市、银川市、榆林市、玉溪市、张掖市、漳州市、昭通市、中卫市	安康市、安顺市、巴彦淖尔市、巴中市、白银市、包头市、宝鸡市、保山市、潮州市、定西市、鄂尔多斯市、福州市、赣州市、固原市、贵阳市、汉中市、河源市、鹤岗市、黑河市、呼和浩特市、鸡西市、佳木斯市、嘉峪关市、揭阳市、金昌市、酒泉市、昆明市、兰州市、丽江市、丽水市、临沧市、六盘水市、龙岩市、陇南市、吕梁市、梅州市、南平市、宁德市、攀枝花市、平凉市、莆田市、七台河市、齐齐哈尔市、庆阳市、曲靖市、泉州市、三明市、厦门市、汕头市、汕尾市、韶关市、石嘴山市、双鸭山市、朔州市、绥化市、天水市、铜川市、温州市、乌海市、乌兰察布市、乌鲁木齐市、吴忠市、武威市、西宁市、咸阳市、延安市、伊春市、银川市、榆林市、玉溪市、张掖市、漳州市、昭通市、中卫市	安顺市、巴彦淖尔市、巴中市、白银市、百色市、包头市、宝鸡市、保山市、潮州市、定西市、东莞市、鄂尔多斯市、福州市、抚州市、赣州市、固原市、广州市、贵阳市、海口市、汉中市、河池市、河源市、贺州市、鹤岗市、呼和浩特市、惠州市、佳木斯市、嘉峪关市、揭阳市、金昌市、酒泉市、克拉玛依市、昆明市、来宾市、兰州市、丽江市、丽水市、临沧市、六盘水市、龙岩市、陇南市、茂名市、梅州市、南平市、宁德市、攀枝花市、平凉市、莆田市、七台河市、清远市、庆阳市、曲靖市、泉州市、三明市、厦门市、汕头市、汕尾市、韶关市、石嘴山市、双鸭山市、天水市、温州市、乌海市、乌兰察布市、乌鲁木齐市、吴忠市、梧州市、武威市、西安市、西宁市、阳江市、银川市、鹰潭市、榆林市、玉溪市、云浮市、湛江市、张掖市、漳州市、昭通市、中卫市

附表4　2003—2016年部分年份各地级市碳排放量统计

城市名	SUM_ C2003	SUM_ C2008	SUM_ C2013	SUM_ C2016	城市名	SUM_ C2003	SUM_ C2008	SUM_ C2013	SUM_ C2016
安康市	2. 04	3. 72	6. 50	6. 21	梅州市	7. 77	12. 47	15. 43	16. 29
安庆市	8. 93	14. 69	20. 22	18. 99	绵阳市	12. 81	18. 05	24. 25	23. 76
安顺市	8. 13	11. 59	15. 34	17. 81	牡丹江市	8. 24	11. 81	17. 05	17. 28
安阳市	16. 88	26. 34	37. 17	38. 78	南昌市	14. 55	22. 90	34. 51	34. 10
鞍山市	20. 24	28. 85	35. 45	34. 18	南充市	6. 92	11. 26	15. 58	15. 69
巴彦淖尔市	6. 93	20. 03	29. 01	27. 95	南京市	31. 40	53. 65	69. 57	70. 07
巴中市	1. 63	2. 67	4. 54	4. 47	南宁市	14. 28	23. 61	39. 14	39. 36
白城市	6. 44	9. 46	12. 34	11. 72	南平市	5. 69	8. 87	13. 77	11. 67
白山市	6. 95	10. 74	13. 46	12. 58	南通市	23. 42	46. 10	63. 84	61. 87
白银市	7. 06	10. 14	12. 85	12. 24	南阳市	20. 58	35. 16	48. 38	45. 89
百色市	5. 26	9. 07	15. 88	14. 21	内江市	4. 88	6. 94	8. 97	9. 42
蚌埠市	7. 53	11. 39	15. 42	16. 53	宁波市	35. 03	56. 92	65. 47	65. 00
包头市	17. 50	42. 77	56. 07	56. 48	宁德市	5. 37	8. 73	13. 26	12. 79
宝鸡市	7. 58	12. 18	18. 64	18. 65	攀枝花市	12. 77	20. 10	24. 48	23. 82
保定市	32. 05	54. 68	72. 63	76. 39	盘锦市	13. 25	18. 93	26. 01	26. 28
保山市	4. 29	7. 38	11. 32	11. 27	平顶山市	15. 26	27. 11	36. 62	35. 46
北海市	4. 98	7. 76	12. 92	14. 24	平凉市	4. 28	7. 20	9. 98	9. 96
北京市	55. 16	78. 23	66. 50	67. 42	萍乡市	3. 10	4. 74	7. 03	6. 66

附表4（续1）

城市名	SUM_ C2003	SUM_ C2008	SUM_ C2013	SUM_ C2016	城市名	SUM_ C2003	SUM_ C2008	SUM_ C2013	SUM_ C2016
本溪市	9.15	13.77	18.15	17.87	莆田市	6.25	10.51	15.98	17.79
滨州市	15.70	34.90	39.22	43.72	濮阳市	12.01	18.12	24.31	25.06
亳州市	8.28	12.42	17.58	17.65	七台河市	3.42	5.33	7.17	7.33
沧州市	35.11	58.06	77.08	78.47	齐齐哈尔市	11.73	17.37	24.49	25.85
常德市	9.37	14.47	22.25	21.62	钦州市	3.83	7.41	12.79	11.95
常州市	16.13	33.78	44.07	43.56	秦皇岛市	13.21	23.40	32.08	30.98
朝阳市	11.71	19.87	25.30	24.00	青岛市	30.17	64.94	68.66	72.78
潮州市	5.36	8.48	10.25	11.29	清远市	9.14	16.67	21.42	22.28
郴州市	12.13	19.47	33.04	31.71	庆阳市	5.17	9.36	19.55	19.07
成都市	41.84	67.21	90.01	86.88	衢州市	6.93	10.84	12.34	12.29
承德市	8.33	16.91	25.07	23.26	曲靖市	11.98	18.87	25.97	24.66
池州市	2.70	6.34	8.84	8.16	泉州市	24.04	40.38	59.61	55.81
赤峰市	15.86	39.61	55.97	55.50	日照市	7.39	17.42	19.61	20.88
崇左市	3.04	6.53	12.03	10.71	三门峡市	9.00	14.51	19.40	17.64
滁州市	12.13	19.78	29.86	30.27	三明市	6.17	9.93	15.33	13.14
达州市	5.28	9.18	12.62	12.40	三亚市	1.53	2.26	5.08	5.31
大连市	29.61	48.16	61.22	59.81	厦门市	8.04	15.50	22.06	20.94
大庆市	16.98	24.51	32.00	35.07	汕头市	10.64	15.70	18.76	21.48

附表4（续2）

城市名	SUM_ C2003	SUM_ C2008	SUM_ C2013	SUM_ C2016	城市名	SUM_ C2003	SUM_ C2008	SUM_ C2013	SUM_ C2016
大同市	21.97	33.04	42.36	41.11	汕尾市	5.31	7.95	9.62	10.78
丹东市	8.99	13.38	17.78	16.74	商洛市	2.23	4.40	7.26	6.97
德阳市	11.02	16.77	22.57	21.76	商丘市	14.12	23.80	33.50	34.23
德州市	18.94	37.52	40.42	43.18	上海市	139.42	199.79	200.81	196.95
定西市	3.68	6.84	11.45	12.16	上饶市	8.89	15.33	24.72	23.71
东莞市	28.09	41.07	47.95	46.08	韶关市	7.61	11.94	14.21	14.31
东营市	17.87	37.27	40.20	43.12	邵阳市	5.82	10.17	15.97	15.44
鄂尔多斯市	14.65	55.53	108.01	104.79	绍兴市	19.07	31.24	35.26	35.06
鄂州市	5.26	7.63	10.19	10.55	深圳市	22.39	32.59	38.08	36.73
防城港市	1.78	3.44	6.59	5.67	沈阳市	39.71	60.95	77.26	81.60
佛山市	26.19	41.24	48.48	49.54	十堰市	8.65	13.06	18.41	17.15
福州市	17.33	27.99	42.36	42.00	石家庄市	43.55	73.91	98.93	95.25
抚顺市	13.37	19.37	23.95	23.22	石嘴山市	6.69	10.63	21.45	21.28
抚州市	4.42	7.60	12.61	12.32	双鸭山市	9.67	14.47	19.85	19.81
阜新市	10.69	16.30	20.24	18.96	朔州市	9.86	15.71	23.22	22.59
阜阳市	13.38	20.65	27.69	29.18	四平市	16.20	22.86	28.52	26.98
赣州市	13.35	20.75	34.00	33.03	苏州市	48.36	97.56	127.57	128.22
固原市	3.27	5.85	14.80	14.73	绥化市	13.13	19.34	25.94	26.01

附表4（续3）

城市名	SUM_ C2003	SUM_ C2008	SUM_ C2013	SUM_ C2016	城市名	SUM_ C2003	SUM_ C2008	SUM_ C2013	SUM_ C2016
广安市	4. 83	6. 91	8. 81	9. 37	随州市	4. 70	7. 47	10. 56	9. 83
广元市	5. 10	7. 60	12. 28	11. 81	遂宁市	4. 44	8. 20	10. 65	10. 75
广州市	36. 62	56. 04	67. 54	69. 55	台州市	18. 66	30. 75	34. 87	37. 76
贵港市	5. 59	9. 08	15. 04	13. 95	太原市	20. 33	30. 36	37. 31	37. 81
贵阳市	29. 59	42. 43	54. 88	54. 69	泰安市	14. 35	30. 05	31. 73	34. 07
桂林市	7. 55	11. 92	20. 60	19. 73	泰州市	16. 03	29. 62	40. 27	39. 51
哈尔滨市	26. 44	38. 58	51. 49	54. 75	唐山市	39. 25	76. 18	103. 38	104. 22
海口市	3. 30	4. 07	7. 80	10. 25	天津市	66. 35	103. 02	145. 59	140. 87
邯郸市	37. 83	61. 47	81. 63	77. 84	天水市	5. 61	8. 67	12. 39	12. 36
汉中市	4. 32	7. 08	12. 11	11. 75	铁岭市	17. 23	26. 52	33. 96	32. 01
杭州市	33. 35	55. 77	63. 58	63. 22	通化市	10. 27	15. 91	19. 61	18. 82
合肥市	15. 57	27. 79	38. 11	39. 13	通辽市	9. 46	26. 56	38. 59	38. 83
河池市	4. 14	6. 36	10. 36	9. 10	铜川市	2. 80	4. 28	6. 32	6. 42
河源市	4. 49	8. 66	10. 88	11. 54	铜陵市	2. 92	5. 01	6. 76	6. 66
菏泽市	14. 81	31. 19	35. 14	39. 74	威海市	12. 23	29. 43	32. 86	34. 73
贺州市	2. 41	3. 89	6. 62	5. 97	潍坊市	28. 95	66. 98	74. 20	79. 02
鹤壁市	5. 66	8. 73	12. 10	12. 14	渭南市	14. 29	22. 32	32. 50	33. 02
鹤岗市	6. 80	9. 67	13. 00	12. 92	温州市	21. 41	32. 47	36. 62	38. 79

附表4（续4）

城市名	SUM_ C2003	SUM_ C2008	SUM_ C2013	SUM_ C2016	城市名	SUM_ C2003	SUM_ C2008	SUM_ C2013	SUM_ C2016
黑河市	5. 90	8. 85	12. 79	12. 70	乌海市	9. 00	20. 91	26. 72	26. 48
衡水市	15. 04	24. 77	33. 32	33. 46	乌兰察布市	7. 98	23. 06	38. 03	37. 41
衡阳市	9. 84	16. 47	26. 19	24. 71	乌鲁木齐市	8. 90	16. 35	32. 09	24. 88
呼和浩特市	20. 26	49. 71	66. 20	69. 24	巢湖市	10. 73	16. 85	23. 00	25. 12
呼伦贝尔市	22. 17	56. 94	82. 62	80. 75	吴忠市	7. 94	12. 71	30. 82	30. 05
葫芦岛市	13. 46	19. 53	24. 61	23. 60	梧州市	3. 88	6. 94	11. 74	10. 55
湖州市	14. 75	23. 69	26. 98	26. 90	武汉市	43. 25	68. 61	85. 77	87. 12
怀化市	4. 99	8. 67	13. 92	12. 63	武威市	3. 31	4. 86	7. 23	6. 94
淮安市	14. 49	24. 17	33. 83	33. 28	西安市	18. 71	32. 05	47. 39	44. 26
淮北市	6. 34	11. 18	14. 16	14. 21	西宁市	7. 09	8. 71	15. 37	13. 77
淮南市	8. 25	13. 61	18. 07	17. 54	咸宁市	5. 80	9. 65	12. 39	12. 64
黄冈市	13. 91	21. 45	28. 25	28. 22	咸阳市	11. 25	18. 90	28. 35	29. 05
黄山市	3. 08	7. 12	9. 28	8. 18	湘潭市	6. 93	11. 64	18. 66	19. 23
黄石市	8. 62	12. 44	15. 60	15. 63	孝感市	11. 82	17. 62	22. 65	22. 85
惠州市	17. 00	28. 65	35. 41	39. 03	忻州市	15. 41	24. 98	34. 16	33. 26
鸡西市	7. 25	10. 58	14. 04	14. 26	新乡市	18. 65	33. 23	44. 32	43. 38
吉安市	5. 47	8. 91	14. 83	13. 90	新余市	3. 45	5. 57	8. 26	7. 64
吉林市	21. 12	30. 79	38. 29	36. 87	信阳市	8. 95	15. 99	22. 18	20. 38

附表4（续5）

城市名	SUM_ C2003	SUM_ C2008	SUM_ C2013	SUM_ C2016	城市名	SUM_ C2003	SUM_ C2008	SUM_ C2013	SUM_ C2016
济南市	25. 27	54. 69	58. 18	61. 81	邢台市	24. 45	39. 98	54. 75	53. 80
济宁市	21. 45	45. 26	50. 12	54. 44	宿迁市	11. 18	21. 02	28. 65	29. 71
佳木斯市	9. 47	14. 30	20. 40	20. 49	宿州市	10. 64	16. 67	23. 58	23. 44
嘉兴市	18. 50	35. 09	39. 66	38. 82	徐州市	23. 76	40. 69	53. 52	54. 62
嘉峪关市	2. 32	3. 78	5. 10	5. 41	许昌市	11. 38	19. 54	26. 99	26. 53
江门市	15. 86	24. 51	29. 69	32. 67	宣城市	6. 43	11. 57	16. 68	15. 63
焦作市	13. 06	20. 56	27. 42	27. 09	雅安市	2. 39	3. 97	5. 17	5. 17
揭阳市	8. 38	12. 44	16. 01	19. 03	烟台市	26. 69	57. 33	62. 08	64. 84
金昌市	2. 36	3. 87	5. 52	5. 66	延安市	12. 76	34. 56	54. 38	52. 56
金华市	18. 50	30. 78	35. 51	39. 46	盐城市	19. 62	34. 98	52. 66	53. 43
锦州市	14. 85	20. 90	26. 60	25. 45	扬州市	17. 51	32. 11	42. 29	42. 36
晋城市	14. 27	22. 86	27. 94	26. 31	阳江市	5. 12	8. 18	11. 08	12. 22
晋中市	19. 50	30. 84	39. 23	38. 25	阳泉市	10. 00	15. 08	18. 67	17. 48
荆门市	8. 13	11. 95	15. 02	14. 18	伊春市	4. 74	7. 15	9. 44	9. 45
荆州市	13. 15	19. 13	23. 61	22. 87	宜宾市	4. 37	7. 12	9. 79	9. 44
景德镇市	3. 36	5. 28	8. 21	8. 04	宜昌市	17. 02	24. 30	30. 33	29. 53
九江市	8. 38	13. 42	24. 32	24. 31	宜春市	8. 62	14. 31	22. 78	21. 44
酒泉市	6. 31	10. 82	15. 15	14. 57	益阳市	4. 23	7. 12	10. 89	10. 10

附表4(续6)

城市名	SUM_ C2003	SUM_ C2008	SUM_ C2013	SUM_ C2016	城市名	SUM_ C2003	SUM_ C2008	SUM_ C2013	SUM_ C2016
开封市	7.25	12.08	16.52	18.16	银川市	14.91	26.22	57.22	54.74
克拉玛依市	5.73	11.34	20.62	21.07	鹰潭市	2.75	4.56	7.29	6.92
昆明市	19.35	29.50	43.53	43.42	永州市	5.97	11.54	19.13	17.93
来宾市	5.24	11.47	14.80	14.59	榆林市	16.24	33.67	59.02	55.96
莱芜市	3.32	5.72	6.36	6.14	玉林市	6.72	10.85	17.80	17.54
兰州市	19.85	30.89	41.87	38.13	玉溪市	7.63	11.92	16.02	15.95
廊坊市	25.98	44.80	60.63	64.03	岳阳市	10.42	16.62	27.76	26.80
乐山市	6.17	9.28	12.18	11.73	云浮市	4.40	7.01	8.85	9.59
丽江市	2.64	5.00	8.05	7.68	枣庄市	8.52	19.18	20.75	22.08
丽水市	5.93	10.31	12.12	11.93	湛江市	10.28	15.85	19.87	21.01
连云港市	13.98	25.48	33.23	33.49	张家界市	2.18	3.42	5.20	4.70
辽阳市	13.15	20.31	25.63	25.09	张家口市	15.20	27.48	39.68	36.44
辽源市	5.54	8.05	9.95	9.94	张掖市	3.35	5.19	7.64	8.22
聊城市	14.78	30.25	32.29	37.83	漳州市	12.80	20.45	32.93	34.37
临沧市	2.82	4.77	7.15	6.75	长春市	32.91	49.38	63.08	64.25
临汾市	34.00	50.46	61.88	58.82	长沙市	21.66	40.12	64.49	64.44
临沂市	23.16	52.71	58.43	63.79	长治市	15.04	26.28	32.91	32.00
柳州市	8.83	14.82	23.96	23.40	昭通市	1.76	3.44	5.57	5.32

附表4（续7）

城市名	SUM_ C2003	SUM_ C2008	SUM_ C2013	SUM_ C2016	城市名	SUM_ C2003	SUM_ C2008	SUM_ C2013	SUM_ C2016
六安市	8. 29	14. 31	20. 94	20. 16	肇庆市	9. 10	15. 13	18. 57	19. 08
六盘水市	19. 56	29. 45	36. 67	34. 00	镇江市	13. 47	24. 63	33. 13	33. 44
龙岩市	7. 29	12. 13	18. 61	16. 41	郑州市	29. 02	53. 90	74. 30	74. 63
陇南市	2. 38	4. 37	8. 62	8. 52	中山市	14. 47	21. 92	25. 91	26. 33
娄底市	7. 18	11. 54	17. 97	17. 09	中卫市	4. 79	9. 33	20. 51	19. 92
洛阳市	17. 42	31. 04	43. 40	42. 15	重庆市	80. 47	118. 99	148. 57	145. 62
漯河市	6. 19	9. 88	13. 22	14. 35	舟山市	2. 80	5. 04	6. 44	5. 99
吕梁市	24. 84	38. 97	51. 75	49. 01	周口市	14. 16	24. 24	32. 62	34. 09
马鞍山市	7. 33	11. 67	15. 66	14. 99	珠海市	8. 14	12. 65	15. 17	16. 46
茂名市	8. 29	12. 11	15. 04	16. 46	株洲市	7. 88	13. 60	22. 51	21. 59
眉山市	4. 71	7. 43	10. 02	10. 68	驻马店市	11. 11	20. 08	27. 79	28. 85
自贡市	2. 93	4. 20	5. 71	5. 59	资阳市	3. 50	5. 65	9. 00	9. 25
泸州市	4. 12	6. 12	8. 00	8. 43	淄博市	18. 42	39. 18	40. 80	42. 20

附表 5　2003—2016 年部分年份各地级市碳排放空间冷热点统计

冷热点	2003 年	2008 年	2013 年	2016 年
Cold Spot – 99% Confidence	—	汉中市、来宾市	汉中市、来宾市	德阳市、汉中市、来宾市
Cold Spot – 95% Confidence	宝鸡市、北海市、德阳市、抚州市、贵港市、桂林市、汉中市、来宾市、柳州市、陇南市、绵阳市、南宁市、萍乡市、钦州市、天水市、鹰潭市、玉林市、湛江市	白银市、宝鸡市、北海市、成都市、崇左市、德阳市、防城港市、抚州市、贵港市、桂林市、衡阳市、黄冈市、吉安市、柳州市、陇南市、娄底市、眉山市、绵阳市、南昌市、南宁市、萍乡市、钦州市、上饶市、天水市、咸宁市、湘潭市、鹰潭市、玉林市、湛江市	宝鸡市、北海市、成都市、德阳市、抚州市、贵港市、黄冈市、乐山市、陇南市、眉山市、绵阳市、南宁市、钦州市、上饶市、宜宾市、鹰潭市、玉林市、湛江市、昭通市	宝鸡市、北海市、成都市、防城港市、抚州市、贵港市、桂林市、黄冈市、乐山市、柳州市、陇南市、眉山市、绵阳市、南昌市、南宁市、萍乡市、钦州市、上饶市、天水市、咸宁市、宜宾市、鹰潭市、玉林市、湛江市、昭通市
Cold Spot – 90% Confidence	白银市、成都市、崇左市、定西市、防城港市、固原市、海口市、衡阳市、黄冈市、黄石市、吉安市、九江市、兰州市、娄底市、眉山市、南昌市、平凉市、三明市、上饶市、邵阳市、西安市、咸宁市、湘潭市、永州市、张掖市、中卫市、株洲市	定西市、鄂州市、固原市、海口市、怀化市、黄石市、九江市、兰州市、乐山市、龙岩市、平凉市、三明市、邵阳市、西安市、新余市、宜宾市、宜春市、永州市、张掖市、长沙市、昭通市、中卫市、株洲市	崇左市、鄂州市、防城港市、桂林市、海口市、衡阳市、黄石市、吉安市、九江市、柳州市、娄底市、南昌市、萍乡市、三明市、天水市、咸宁市、湘潭市、雅安市、张掖市、重庆市	崇左市、鄂州市、海口市、衡阳市、黄石市、吉安市、九江市
Not Significant	安康市、安庆市、安顺市、安阳市、鞍山市、巴彦淖尔市、巴中市、白城市、白山市、百色市、蚌埠市、包头市、保山市、本溪市、亳州市、常德市、朝阳市、潮州市、郴州市、池州市、赤峰市、滁州市、达州市、大连市、大庆市、丹东市、东莞市、鄂尔多斯市、鄂州市、佛山市、福州市、抚顺市、阜新市、阜阳市、赣州市、广安市、广元市、广州市、贵阳市、哈尔滨市、合肥市、河池市、河源市、菏泽市、贺州市、鹤壁市、鹤岗市、黑河市、呼和浩特市、呼伦贝尔市、怀化市、淮安市、淮北市、淮南市、黄山市、惠州市、鸡西市、吉林市、济宁市、佳木斯市、嘉峪关市、江门市、焦作市、揭阳市、金昌市、锦州市、荆门市、荆州市、景德镇市、酒泉市、开封市、克拉玛依市、昆明市、乐山市、丽江市、丽水市、连云港市、辽阳市、辽源市、临沧市、临汾市、临沂市、六安市、六盘水市、龙岩市、泸州市、洛阳市、漯河市、茂名市、梅州市、牡丹江市、南充市、南平市、南阳市、内江市、宁德市、攀枝花市、盘锦市、平顶山市、莆田市、七台河市、齐齐哈尔市、青岛市、清远市、庆阳市、衢州市、曲靖市、泉州市、日照市、三门峡市、三亚市、厦门市、汕头市、汕尾市、商洛市、商丘市、韶关市、深圳市、沈阳市、十堰市、石嘴山市、双鸭山市、四平市、松原市、绥化市、随州市、遂宁市、泰安市、铁岭市、通化市、通辽市、铜川市、铜陵市、渭南市、温州市、乌海市、乌兰察布市、乌鲁木齐市、芜湖市、吴忠市、梧州市、武汉市、武威市、西宁市、咸阳市、孝感市、新乡市、新余市、信阳市、宿迁市、宿州市、徐州市、许昌市、雅安市、烟台市、延安市、阳江市、伊春市、宜宾市、宜昌市、宜春市、益阳市、银川市、榆林市、玉溪市、岳阳市、云浮市、枣庄市、张家界市、漳州市、长春市、长沙市、昭通市、肇庆市、郑州市、中山市、重庆市、周口市、珠海市、驻马店市、资阳市、自贡市、遵义市	安康市、安庆市、安顺市、鞍山市、巴彦淖尔市、巴中市、白城市、白山市、百色市、蚌埠市、包头市、保山市、本溪市、亳州市、常德市、朝阳市、潮州市、郴州市、池州市、赤峰市、滁州市、达州市、大连市、大庆市、丹东市、东莞市、鄂尔多斯市、佛山市、福州市、抚顺市、阜新市、阜阳市、赣州市、广安市、广元市、广州市、贵阳市、哈尔滨市、合肥市、河池市、河源市、菏泽市、贺州市、鹤岗市、黑河市、呼伦贝尔市、淮安市、淮北市、淮南市、黄山市、惠州市、鸡西市、吉林市、佳木斯市、嘉峪关市、江门市、焦作市、揭阳市、金昌市、锦州市、荆门市、荆州市、景德镇市、酒泉市、开封市、克拉玛依市、昆明市、丽江市、丽水市、辽阳市、辽源市、临沧市、临汾市、六安市、六盘水市、泸州市、洛阳市、漯河市、茂名市、梅州市、牡丹江市、南充市、南平市、南阳市、内江市、宁德市、攀枝花市、盘锦市、平顶山市、莆田市、七台河市、齐齐哈尔市、清远市、庆阳市、衢州市、曲靖市、泉州市、三门峡市、三亚市、厦门市、汕头市、汕尾市、商洛市、商丘市、韶关市、深圳市、沈阳市、十堰市、石嘴山市、双鸭山市、四平市、松原市、绥化市、随州市、遂宁市、铁岭市、通化市、通辽市、铜川市、铜陵市、渭南市、温州市、乌海市、乌兰察布市、乌鲁木齐市、芜湖市、吴忠市、梧州市、武汉市、武威市、西宁市、咸阳市、孝感市、信阳市、宿迁市、宿州市、徐州市、许昌市、雅安市、延安市、阳江市、伊春市、宜昌市、益阳市、银川市、榆林市、玉溪市、岳阳市、云浮市、张家界市、漳州市、长春市、肇庆市、郑州市、中山市、重庆市、周口市、珠海市、驻马店市、资阳市、自贡市、遵义市	安康市、安庆市、安顺市、安阳市、鞍山市、巴彦淖尔市、巴中市、白城市、白山市、白银市、百色市、蚌埠市、保山市、本溪市、亳州市、常德市、潮州市、郴州市、池州市、赤峰市、滁州市、达州市、大连市、大庆市、丹东市、定西市、东莞市、佛山市、福州市、抚顺市、阜新市、阜阳市、赣州市、固原市、广安市、广元市、广州市、贵阳市、哈尔滨市、杭州市、合肥市、河池市、河源市、菏泽市、贺州市、鹤壁市、鹤岗市、黑河市、呼伦贝尔市、怀化市、淮安市、淮北市、淮南市、黄山市、惠州市、鸡西市、吉林市、济宁市、佳木斯市、嘉峪关市、江门市、焦作市、揭阳市、金昌市、金华市、锦州市、荆门市、荆州市、景德镇市、酒泉市、开封市、克拉玛依市、昆明市、兰州市、丽江市、丽水市、辽阳市、辽源市、临沧市、临沂市、六安市、六盘水市、龙岩市、泸州市、洛阳市、漯河市、马鞍山市、茂名市、梅州市、牡丹江市、南充市、南平市、南阳市、内江市、宁德市、攀枝花市、盘锦市、平顶山市、平凉市、莆田市、七台河市、齐齐哈尔市、清远市、庆阳市、衢州市、曲靖市、泉州市、三门峡市、三亚市、厦门市、汕头市、汕尾市、商洛市、商丘市、韶关市、邵阳市、深圳市、沈阳市、十堰市、石嘴山市、双鸭山市、四平市、松原市、绥化市、随州市、遂宁市、铁岭市、通化市、通辽市、铜川市、铜陵市、渭南市、温州市、乌海市、乌兰察布市、乌鲁木齐市、芜湖市、吴忠市、梧州市、武汉市、武威市、西安市、西宁市、咸阳市、孝感市、新余市、信阳市、宿迁市、宿州市、徐州市、许昌市、宣城市、延安市、阳江市、伊春市、宜昌市、宜春市、益阳市、银川市、永州市、玉溪市、岳阳市、云浮市、枣庄市、张家界市、漳州市、长春市、长沙市、肇庆市、郑州市、中山市、中卫市、周口市、珠海市、株洲市、驻马店市、资阳市、自贡市、遵义市	安康市、安庆市、安顺市、鞍山市、巴彦淖尔市、巴中市、白城市、白山市、白银市、百色市、蚌埠市、保山市、本溪市、亳州市、常德市、潮州市、郴州市、池州市、赤峰市、滁州市、达州市、大连市、大庆市、丹东市、定西市、东莞市、佛山市、福州市、抚顺市、阜新市、阜阳市、赣州市、固原市、广安市、广元市、广州市、贵阳市、哈尔滨市、杭州市、合肥市、河池市、河源市、菏泽市、贺州市、鹤岗市、黑河市、呼伦贝尔市、怀化市、淮安市、淮北市、淮南市、黄山市、惠州市、鸡西市、吉林市、佳木斯市、嘉峪关市、江门市、焦作市、揭阳市、金昌市、金华市、锦州市、荆门市、荆州市、景德镇市、酒泉市、开封市、克拉玛依市、昆明市、兰州市、丽江市、丽水市、辽阳市、辽源市、临沧市、临汾市、六安市、六盘水市、龙岩市、泸州市、洛阳市、漯河市、马鞍山市、茂名市、梅州市、牡丹江市、南充市、南平市、南阳市、内江市、宁德市、攀枝花市、盘锦市、平顶山市、平凉市、莆田市、七台河市、齐齐哈尔市、清远市、庆阳市、衢州市、曲靖市、泉州市、三门峡市、三亚市、厦门市、汕头市、汕尾市、商洛市、商丘市、韶关市、邵阳市、深圳市、沈阳市、十堰市、石嘴山市、双鸭山市、四平市、松原市、绥化市、随州市、遂宁市、铁岭市、通化市、通辽市、铜川市、铜陵市、渭南市、温州市、乌海市、乌兰察布市、乌鲁木齐市、芜湖市、吴忠市、梧州市、武汉市、武威市、西宁市、咸阳市、孝感市、新余市、信阳市、宿迁市、宿州市、徐州市、许昌市、宣城市、延安市、阳江市、伊春市、宜昌市、益阳市、银川市、玉溪市、岳阳市、云浮市、张家界市、漳州市、长春市、长沙市、肇庆市、郑州市、中山市、中卫市、周口市、珠海市、株洲市、驻马店市、自贡市、遵义市
Hot Spot – 90% Confidence	晋城市、马鞍山市、濮阳市、威海市、潍坊市、宣城市、长治市	安阳市、鹤壁市、呼和浩特市、金华市、晋城市、马鞍山市、新乡市、长治市	朝阳市、连云港市、临汾市、南京市、日照市、泰安市、新乡市	安阳市、朝阳市、鹤壁市、南京市、新乡市、枣庄市

附表5(续)

冷热点	2003年	2008年	2013年	2016年
Hot Spot - 95% Confidence	常州市、邯郸市、杭州市、湖州市、金华市、莱芜市、聊城市、吕梁市、南京市、太原市、扬州市	常州市、杭州市、济宁市、连云港市、临沂市、南京市、濮阳市、宣城市、枣庄市	包头市、常州市、湖州市、晋城市、莱芜市、濮阳市、青岛市、绍兴市、台州市、威海市、潍坊市、无锡市、烟台市、扬州市、榆林市、长治市、镇江市	包头市、常州市、鄂尔多斯市、湖州市、济宁市、晋城市、连云港市、临沂市、濮阳市、青岛市、日照市、绍兴市、台州市、泰安市、威海市、无锡市、烟台市、扬州市、榆林市、长治市、镇江市
Hot Spot - 99% Confidence	保定市、北京市、滨州市、沧州市、承德市、大同市、德州市、东营市、衡水市、葫芦岛市、济南市、嘉兴市、晋中市、廊坊市、南通市、宁波市、秦皇岛市、上海市、绍兴市、石家庄市、朔州市、苏州市、台州市、泰州市、唐山市、天津市、无锡市、忻州市、邢台市、盐城市、阳泉市、张家口市、镇江市、舟山市、淄博市	保定市、北京市、滨州市、沧州市、承德市、大同市、德州市、东营市、邯郸市、衡水市、葫芦岛市、湖州市、济南市、嘉兴市、晋中市、莱芜市、廊坊市、聊城市、吕梁市、南通市、宁波市、秦皇岛市、青岛市、日照市、上海市、绍兴市、石家庄市、朔州市、苏州市、台州市、太原市、泰安市、泰州市、唐山市、天津市、威海市、潍坊市、无锡市、忻州市、邢台市、烟台市、盐城市、扬州市、阳泉市、张家口市、镇江市、舟山市、淄博市	保定市、北京市、滨州市、沧州市、承德市、大同市、德州市、东营市、鄂尔多斯市、邯郸市、衡水市、呼和浩特市、葫芦岛市、济南市、嘉兴市、晋中市、廊坊市、聊城市、吕梁市、南通市、宁波市、秦皇岛市、上海市、石家庄市、朔州市、苏州市、太原市、泰州市、唐山市、天津市、忻州市、邢台市、盐城市、阳泉市、张家口市、舟山市、淄博市	保定市、北京市、滨州市、沧州市、承德市、大同市、德州市、东营市、邯郸市、衡水市、呼和浩特市、葫芦岛市、济南市、嘉兴市、晋中市、莱芜市、廊坊市、聊城市、吕梁市、南通市、宁波市、秦皇岛市、上海市、石家庄市、朔州市、苏州市、太原市、泰州市、唐山市、天津市、潍坊市、忻州市、邢台市、盐城市、阳泉市、张家口市、舟山市、淄博市

附表 6　2003 年和 2016 年各地级市工业多样化集聚与工业专业化集聚空间冷热点统计

冷热点	工业多样化集聚空间冷热点统计		工业专业化集聚空间冷热点统计	
	2003 年	2016 年	2003 年	2016 年
Cold Spot - 99% Confidence	—	—	—	葫芦岛市
Cold Spot - 95% Confidence	—	—	海口市、南宁市、重庆市	朝阳市、大连市、海口市、河池市、锦州市、南宁市、盘锦市、三亚市、邵阳市、重庆市
Cold Spot - 90% Confidence	—	—	北海市、崇左市、防城港市、河池市、葫芦岛市、茂名市、三亚市、玉林市、湛江市	鞍山市、白银市、承德市、赤峰市、崇左市、防城港市、抚顺市、阜新市、怀化市、柳州市、茂名市、钦州市、天水市、玉林市、湛江市
Not Significant	安康市、安庆市、安顺市、安阳市、鞍山市、巴彦淖尔市、巴中市、白城市、白山市、白银市、百色市、蚌埠市、包头市、宝鸡市、保定市、保山市、北京市、本溪市、滨州市、亳州市、沧州市、常德市、常州市、朝阳市、潮州市、郴州市、成都市、承德市、池州市、赤峰市、崇左市、滁州市、达州市、大连市、大庆市、大同市、丹东市、德阳市、德州市、定西市、东莞市、东营市、鄂尔多斯市、鄂州市、防城港市、佛山市、福州市、抚顺市、抚州市、阜新市、阜阳市、赣州市、固原市、广安市、广元市、广州市、贵港市、贵阳市、桂林市、哈尔滨市、邯郸市、汉中市、杭州市、合肥市、河池市、河源市、菏泽市、贺州市、鹤壁市、鹤岗市、黑河市、衡水市、衡阳市、呼和浩特市、呼伦贝尔市、葫芦岛市、湖州市、怀化市、淮安市、淮北市、淮南市、黄冈市、黄山市、黄石市、惠州市、鸡西市、吉安市、吉林市、济南市、济宁市、佳木斯市、嘉兴市、嘉峪关市、江门市、焦作市、揭阳市、金昌市、金华市、锦州市、晋城市、晋中市、荆门市、荆州市、景德镇市、九江市、酒泉市、开封市、克拉玛依市、昆明市、来宾市、莱芜市、兰州市、廊坊市、乐山市、丽江市、丽水市、连云港市、辽阳市、辽源市、聊城市、临沧市、临汾市、临沂市、柳州市、六安市、六盘水市、龙岩市、陇南市、娄底市、泸州市、洛阳市、漯河市、吕梁市、马鞍山市、茂名市、眉山市、梅州市、绵阳市、牡丹江市、南昌市、南充市、南京市、南宁市、南平市、南通市、南阳市、内江市、宁波市、宁德市、攀枝花市、盘锦市、平顶山市、平凉市、萍乡市、莆田市、濮阳市、七台河市、齐齐哈尔市、钦州市、秦皇岛市、青岛市、清远市、庆阳市、衢州市、曲靖市、泉州市、日照市、三门峡市、三明市、厦门市、汕头市、汕尾市、商洛市、商丘市、上海市、上饶市、韶关市、邵阳市、绍兴市、深圳市、沈阳市、十堰市、石家庄市、石嘴山市、双鸭山市、朔州市、四平市、松原市、苏州市、绥化市、随州市、遂宁市、台州市、太原市、泰安市、泰州市、唐山市、天津市、天水市、铁岭市、通化市、通辽市、铜川市、铜陵市、威海市、潍坊市、渭南市、温州市、乌海市、乌兰察布市、乌鲁木齐市、无锡市、芜湖市、吴忠市、梧州市、武汉市、武威市、西安市、西宁市、咸宁市、咸阳市、湘潭市、孝感市、忻州市、新乡市、新余市、信阳市、邢台市、宿迁市、宿州市、徐州市、许昌市、宣城市、雅安市、烟台市、延安市、盐城市、扬州市、阳江市、阳泉市、伊春市、宜宾市、宜昌市、宜春市、益阳市、银川市、鹰潭市、永州市、榆林市、玉林市、玉溪市、岳阳市、云浮市、枣庄市、张家界市、张家口市、张掖市、漳州市、长春市、长沙市、长治市、昭通市、肇庆市、镇江市、郑州市、中山市、中卫市、重庆市、舟山市、周口市、珠海市、株洲市、驻马店市、资阳市、淄博市、自贡市、遵义市	安康市、安庆市、安顺市、安阳市、鞍山市、巴彦淖尔市、巴中市、白城市、白山市、白银市、百色市、蚌埠市、包头市、宝鸡市、保定市、保山市、北京市、本溪市、滨州市、亳州市、沧州市、常德市、常州市、朝阳市、潮州市、郴州市、成都市、承德市、池州市、赤峰市、崇左市、滁州市、达州市、大连市、大庆市、大同市、丹东市、德阳市、德州市、定西市、东莞市、东营市、鄂尔多斯市、鄂州市、防城港市、佛山市、福州市、抚顺市、抚州市、阜新市、阜阳市、赣州市、固原市、广安市、广元市、广州市、贵港市、贵阳市、桂林市、哈尔滨市、邯郸市、汉中市、杭州市、合肥市、河源市、菏泽市、贺州市、鹤壁市、鹤岗市、黑河市、衡水市、衡阳市、呼和浩特市、呼伦贝尔市、葫芦岛市、湖州市、怀化市、淮安市、淮北市、淮南市、黄冈市、黄山市、黄石市、惠州市、鸡西市、吉安市、吉林市、济南市、济宁市、佳木斯市、嘉兴市、嘉峪关市、江门市、焦作市、揭阳市、金昌市、金华市、锦州市、晋城市、晋中市、荆门市、荆州市、景德镇市、九江市、酒泉市、开封市、克拉玛依市、昆明市、来宾市、莱芜市、兰州市、廊坊市、乐山市、丽江市、丽水市、连云港市、辽阳市、辽源市、聊城市、临沧市、临汾市、临沂市、柳州市、六安市、六盘水市、龙岩市、陇南市、娄底市、泸州市、洛阳市、漯河市、吕梁市、马鞍山市、眉山市、梅州市、绵阳市、牡丹江市、南昌市、南充市、南京市、南宁市、南平市、南通市、南阳市、内江市、宁波市、宁德市、攀枝花市、盘锦市、平顶山市、平凉市、萍乡市、莆田市、濮阳市、七台河市、齐齐哈尔市、秦皇岛市、青岛市、清远市、庆阳市、衢州市、曲靖市、泉州市、日照市、三门峡市、三明市、厦门市、汕头市、汕尾市、商洛市、商丘市、上海市、上饶市、韶关市、邵阳市、绍兴市、深圳市、沈阳市、十堰市、石家庄市、石嘴山市、双鸭山市、朔州市、四平市、松原市、苏州市、绥化市、随州市、遂宁市、台州市、太原市、泰安市、泰州市、唐山市、天津市、天水市、铁岭市、通化市、通辽市、铜川市、铜陵市、威海市、潍坊市、渭南市、温州市、乌海市、乌兰察布市、乌鲁木齐市、无锡市、芜湖市、吴忠市、梧州市、武汉市、武威市、西安市、西宁市、咸宁市、咸阳市、湘潭市、孝感市、忻州市、新乡市、新余市、信阳市、邢台市、宿迁市、宿州市、徐州市、许昌市、宣城市、雅安市、烟台市、延安市、盐城市、扬州市、阳江市、阳泉市、伊春市、宜宾市、宜昌市、宜春市、益阳市、银川市、鹰潭市、永州市、榆林市、玉溪市、岳阳市、云浮市、枣庄市、张家界市、张家口市、张掖市、漳州市、长春市、长沙市、长治市、昭通市、肇庆市、镇江市、郑州市、中山市、中卫市、重庆市、舟山市、周口市、珠海市、株洲市、驻马店市、资阳市、淄博市、自贡市、遵义市	安康市、安庆市、安顺市、安阳市、鞍山市、巴彦淖尔市、巴中市、白城市、白山市、白银市、百色市、蚌埠市、包头市、宝鸡市、保定市、保山市、北京市、本溪市、滨州市、亳州市、沧州市、常德市、常州市、朝阳市、潮州市、郴州市、成都市、承德市、池州市、赤峰市、滁州市、达州市、大连市、大庆市、大同市、丹东市、德阳市、德州市、定西市、东莞市、东营市、鄂尔多斯市、鄂州市、佛山市、抚顺市、阜新市、阜阳市、赣州市、固原市、广安市、广元市、广州市、贵港市、贵阳市、桂林市、哈尔滨市、邯郸市、汉中市、杭州市、合肥市、河源市、菏泽市、贺州市、鹤壁市、鹤岗市、衡水市、衡阳市、呼和浩特市、呼伦贝尔市、湖州市、怀化市、淮安市、淮北市、淮南市、黄冈市、黄石市、惠州市、鸡西市、吉林市、济南市、济宁市、佳木斯市、嘉兴市、嘉峪关市、江门市、焦作市、揭阳市、金昌市、金华市、锦州市、晋城市、晋中市、荆门市、荆州市、景德镇市、九江市、酒泉市、开封市、克拉玛依市、昆明市、来宾市、莱芜市、兰州市、廊坊市、乐山市、丽江市、连云港市、辽阳市、辽源市、聊城市、临沧市、临沂市、柳州市、六安市、六盘水市、陇南市、娄底市、泸州市、洛阳市、漯河市、马鞍山市、眉山市、梅州市、绵阳市、牡丹江市、南充市、南京市、南平市、南通市、南阳市、内江市、宁波市、攀枝花市、盘锦市、平顶山市、平凉市、萍乡市、濮阳市、七台河市、钦州市、秦皇岛市、青岛市、清远市、庆阳市、衢州市、曲靖市、日照市、三门峡市、汕头市、汕尾市、商洛市、商丘市、上海市、韶关市、邵阳市、绍兴市、深圳市、沈阳市、十堰市、石家庄市、石嘴山市、双鸭山市、朔州市、四平市、松原市、苏州市、绥化市、随州市、遂宁市、台州市、太原市、泰安市、泰州市、唐山市、天津市、天水市、铁岭市、通化市、通辽市、铜川市、铜陵市、威海市、渭南市、温州市、乌海市、乌兰察布市、乌鲁木齐市、无锡市、芜湖市、吴忠市、梧州市、武汉市、武威市、西安市、西宁市、咸宁市、咸阳市、湘潭市、孝感市、忻州市、新乡市、信阳市、邢台市、宿迁市、宿州市、徐州市、许昌市、宣城市、雅安市、烟台市、延安市、盐城市、扬州市、阳江市、阳泉市、宜宾市、宜昌市、益阳市、银川市、永州市、榆林市、玉溪市、岳阳市、云浮市、枣庄市、张家界市、张家口市、张掖市、长春市、长沙市、长治市、昭通市、肇庆市、镇江市、郑州市、中山市、中卫市、舟山市、周口市、珠海市、株洲市、驻马店市、资阳市、淄博市、自贡市、遵义市	安康市、安庆市、安顺市、安阳市、巴彦淖尔市、巴中市、白城市、白山市、百色市、蚌埠市、包头市、宝鸡市、保定市、保山市、北海市、北京市、本溪市、滨州市、亳州市、沧州市、常德市、常州市、潮州市、郴州市、成都市、池州市、滁州市、达州市、大庆市、大同市、丹东市、德阳市、德州市、定西市、东莞市、东营市、鄂尔多斯市、鄂州市、佛山市、阜阳市、赣州市、固原市、广安市、广元市、广州市、贵港市、贵阳市、桂林市、哈尔滨市、汉中市、杭州市、合肥市、河源市、菏泽市、贺州市、鹤岗市、黑河市、衡水市、衡阳市、呼和浩特市、呼伦贝尔市、湖州市、淮安市、淮北市、淮南市、黄冈市、黄山市、黄石市、惠州市、鸡西市、吉林市、济南市、济宁市、佳木斯市、嘉兴市、嘉峪关市、江门市、揭阳市、金昌市、金华市、荆门市、荆州市、景德镇市、九江市、酒泉市、开封市、克拉玛依市、昆明市、来宾市、莱芜市、兰州市、廊坊市、乐山市、丽江市、丽水市、连云港市、辽阳市、辽源市、聊城市、临沧市、临沂市、六安市、六盘水市、陇南市、娄底市、泸州市、漯河市、马鞍山市、眉山市、梅州市、绵阳市、牡丹江市、南昌市、南充市、南京市、南平市、南通市、内江市、宁波市、攀枝花市、平凉市、萍乡市、濮阳市、七台河市、秦皇岛市、青岛市、清远市、庆阳市、衢州市、曲靖市、日照市、汕头市、汕尾市、商洛市、商丘市、上海市、韶关市、绍兴市、深圳市、沈阳市、十堰市、石家庄市、石嘴山市、双鸭山市、朔州市、四平市、松原市、苏州市、绥化市、随州市、遂宁市、台州市、泰安市、泰州市、唐山市、天津市、铁岭市、通化市、通辽市、铜川市、铜陵市、威海市、温州市、乌海市、乌兰察布市、乌鲁木齐市、无锡市、芜湖市、吴忠市、梧州市、武汉市、武威市、西安市、西宁市、咸宁市、咸阳市、湘潭市、忻州市、信阳市、宿迁市、宿州市、徐州市、宣城市、雅安市、烟台市、盐城市、扬州市、阳江市、伊春市、宜宾市、宜昌市、益阳市、银川市、永州市、榆林市、玉溪市、岳阳市、云浮市、枣庄市、张家界市、张家口市、张掖市、长春市、长沙市、昭通市、肇庆市、镇江市、中山市、中卫市、舟山市、周口市、珠海市、株洲市、驻马店市、资阳市、淄博市、自贡市、遵义市
Hot Spot - 90% Confidence	北海市	河池市	黄山市、吉安市、丽水市、临汾市、吕梁市、南昌市、宁德市、潍坊市、伊春市、漳州市	抚州市、吉安市、晋中市、宁德市、齐齐哈尔市、泉州市、厦门市、太原市、潍坊市、孝感市、新乡市、邢台市、许昌市、阳泉市、漳州市

附表6(续)

冷热点	工业多样化集聚空间冷热点统计		工业专业化集聚空间冷热点统计	
	2003 年	2016 年	2003 年	2016 年
Hot Spot - 95% Confidence	—	—	抚州市、黑河市、龙岩市、莆田市、泉州市、厦门市、上饶市、新余市、宜春市	邯郸市、鹤壁市、龙岩市、洛阳市、南阳市、莆田市、三门峡市、三明市、上饶市、新余市、延安市、宜春市、鹰潭市、郑州市
Hot Spot - 99% Confidence	海口市、三亚市、湛江市	北海市、海口市、茂名市、钦州市、三亚市、玉林市、湛江市	福州市、齐齐哈尔市、三明市、鹰潭市	福州市、焦作市、晋城市、临汾市、吕梁市、平顶山市、渭南市、长治市

附表 7　2003 年和 2016 年各地级市“三废”排放空间冷热点统计

冷热点	2003 年	2016 年
Cold Spot - 99% Confidence	呼伦贝尔市、齐齐哈尔市	怀化市
Cold Spot - 95% Confidence	黄冈市、龙岩市、厦门市、漳州市	娄底市、邵阳市、湘潭市、张家界市
Cold Spot - 90% Confidence	宝鸡市、定西市、鄂州市、抚州市、固原市、黄石市、九江市、陇南市、泉州市、三明市、天水市、信阳市、鹰潭市	益阳市
Not Significant	安庆市、安顺市、鞍山市、巴彦淖尔市、巴中市、白城市、白山市、白银市、百色市、蚌埠市、包头市、保山市、北海市、本溪市、亳州市、常德市、常州市、朝阳市、潮州市、郴州市、成都市、池州市、赤峰市、崇左市、滁州市、达州市、大连市、大庆市、丹东市、德阳市、东莞市、鄂尔多斯市、防城港市、佛山市、福州市、抚顺市、阜新市、阜阳市、赣州市、广元市、广州市、贵港市、贵阳市、桂林市、哈尔滨市、海口市、汉中市、杭州市、合肥市、河池市、河源市、菏泽市、贺州市、鹤岗市、黑河市、衡阳市、湖州市、怀化市、淮安市、淮北市、淮南市、黄山市、惠州市、鸡西市、吉安市、吉林市、济宁市、佳木斯市、嘉峪关市、江门市、揭阳市、金昌市、金华市、锦州市、荆门市、荆州市、景德镇市、酒泉市、开封市、克拉玛依市、昆明市、来宾市、莱芜市、兰州市、乐山市、丽江市、丽水市、连云港市、辽阳市、辽源市、临沧市、临沂市、柳州市、六安市、六盘水市、娄底市、洛阳市、漯河市、马鞍山市、茂名市、眉山市、梅州市、绵阳市、牡丹江市、南昌市、南充市、南京市、南宁市、南平市、南阳市、宁德市、攀枝花市、盘锦市、平顶山市、平凉市、萍乡市、莆田市、濮阳市、七台河市、钦州市、青岛市、清远市、庆阳市、衢州市、曲靖市、日照市、三门峡市、三亚市、汕头市、汕尾市、商洛市、商丘市、上饶市、韶关市、邵阳市、深圳市、沈阳市、十堰市、石嘴山市、双鸭山市、四平市、松原市、绥化市、随州市、泰安市、铁岭市、通化市、通辽市、铜川市、铜陵市、威海市、潍坊市、渭南市、温州市、乌海市、乌兰察布市、乌鲁木齐市、无锡市、芜湖市、吴忠市、梧州市、武汉市、武威市、西安市、西宁市、咸宁市、咸阳市、湘潭市、孝感市、新余市、宿迁市、宿州市、徐州市、许昌市、宣城市、雅安市、烟台市、延安市、盐城市、扬州市、阳江市、伊春市、宜宾市、宜昌市、宜春市、益阳市、银川市、永州市、榆林市、玉林市、玉溪市、岳阳市、云浮市、枣庄市、湛江市、张掖市、长春市、长沙市、昭通市、肇庆市、镇江市、郑州市、中山市、中卫市、重庆市、周口市、珠海市、株洲市、驻马店市、淄博市	安康市、安庆市、安顺市、安阳市、鞍山市、巴彦淖尔市、巴中市、白城市、白山市、白银市、百色市、蚌埠市、包头市、宝鸡市、保定市、保山市、北海市、北京市、本溪市、亳州市、沧州市、常德市、常州市、朝阳市、郴州市、成都市、承德市、池州市、赤峰市、崇左市、滁州市、达州市、大庆市、大同市、丹东市、德阳市、德州市、定西市、东莞市、鄂尔多斯市、鄂州市、防城港市、佛山市、福州市、抚顺市、抚州市、阜新市、阜阳市、赣州市、固原市、广安市、广元市、广州市、贵港市、贵阳市、桂林市、哈尔滨市、海口市、邯郸市、汉中市、杭州市、合肥市、河池市、河源市、菏泽市、贺州市、鹤壁市、鹤岗市、黑河市、衡水市、衡阳市、呼和浩特市、呼伦贝尔市、葫芦岛市、湖州市、淮安市、淮北市、淮南市、黄冈市、黄山市、黄石市、惠州市、鸡西市、吉安市、吉林市、济南市、济宁市、佳木斯市、嘉兴市、嘉峪关市、江门市、焦作市、金昌市、金华市、锦州市、晋城市、晋中市、荆门市、荆州市、景德镇市、九江市、酒泉市、开封市、克拉玛依市、昆明市、来宾市、兰州市、廊坊市、乐山市、丽江市、丽水市、连云港市、辽阳市、辽源市、聊城市、临沧市、临汾市、柳州市、六安市、六盘水市、龙岩市、陇南市、泸州市、洛阳市、漯河市、吕梁市、马鞍山市、茂名市、眉山市、梅州市、绵阳市、牡丹江市、南昌市、南充市、南京市、南宁市、南平市、南通市、南阳市、内江市、宁波市、宁德市、攀枝花市、盘锦市、平顶山市、平凉市、萍乡市、莆田市、濮阳市、七台河市、齐齐哈尔市、钦州市、秦皇岛市、清远市、庆阳市、衢州市、曲靖市、泉州市、三门峡市、三明市、三亚市、厦门市、汕头市、汕尾市、商洛市、商丘市、上海市、上饶市、韶关市、绍兴市、深圳市、沈阳市、十堰市、石家庄市、石嘴山市、双鸭山市、朔州市、四平市、松原市、苏州市、绥化市、随州市、遂宁市、台州市、太原市、泰安市、泰州市、唐山市、天津市、天水市、铁岭市、通化市、通辽市、铜川市、铜陵市、渭南市、温州市、乌海市、乌兰察布市、乌鲁木齐市、无锡市、芜湖市、吴忠市、梧州市、武汉市、武威市、西安市、西宁市、咸宁市、咸阳市、孝感市、忻州市、新乡市、新余市、信阳市、邢台市、宿迁市、宿州市、徐州市、许昌市、宣城市、雅安市、延安市、盐城市、扬州市、阳江市、阳泉市、伊春市、宜宾市、宜昌市、宜春市、银川市、鹰潭市、永州市、榆林市、玉林市、玉溪市、岳阳市、云浮市、枣庄市、湛江市、张家口市、张掖市、漳州市、长春市、长沙市、长治市、昭通市、肇庆市、镇江市、郑州市、中山市、中卫市、重庆市、舟山市、周口市、珠海市、株洲市、驻马店市、资阳市、自贡市、遵义市
Hot Spot - 90% Confidence	安康市、葫芦岛市、聊城市、秦皇岛市、绍兴市、苏州市、台州市、泰州市、新乡市	潮州市、揭阳市
Hot Spot - 95% Confidence	安阳市、东营市、邯郸市、鹤壁市、呼和浩特市、济南市、嘉兴市、焦作市、南通市、内江市、宁波市、遂宁市、唐山市、张家界市、资阳市、自贡市、遵义市	滨州市、莱芜市、临沂市、日照市、淄博市

附表7(续)

冷热点	2003年	2016年
Hot Spot - 99% Confidence	保定市、北京市、滨州市、沧州市、承德市、大同市、德州市、广安市、衡水市、晋城市、晋中市、廊坊市、临汾市、泸州市、吕梁市、上海市、石家庄市、朔州市、太原市、天津市、忻州市、邢台市、阳泉市、张家口市、长治市、舟山市	大连市、东营市、青岛市、威海市、潍坊市、烟台市